문학 속의
지리 이야기

문학 속의 지리 이야기

20가지 문학작품으로 지리 읽기

조지욱 지음

사계절

머리말

지리학은 공간을 다루는 과학입니다. 문학은 공간을 배경으로 하는 이야기이지요. 언제부터인가 이런 지리학과 문학의 특징 때문에 이 둘을 하나로 묶을 수 있다고 생각했어요. 문학을 지리의 눈으로 읽는 거죠.

지리학은 다른 학문과 접목되었을 때 주로 공간적인 배경을 설명하는 데 쓰입니다. 하지만 나는 단순히 문학의 배경 설명에 그치고 싶지 않았어요. 그래서 작품 속에 나오는 등장인물이 되어도 보고, 그 인물들이 살고 있는 공간을 느껴 보려고도 했어요. 그렇게 문학 속 인물의 한계, 공간의 한계를 상상하고 그것을 넘어서 작품을 이해하는 데 필요한 부분들을 지리학의 관점에서 찾아보았습니다. 또한 이를 통해 청소년에게 도움이 될 만한 이야기를 하고 싶었어요. 그런 고민을 하는 동안은 힘들기도 했지만 한편으로는 무척 즐겁고 행복하기도 했습니다.

이 책의 구상은 자연스럽게 시작되었습니다. 지리 수업을 할 때, 세계 여러 지역을 언급하면서 학생들의 이해를 돕기 위해 문학 작품을 인용하기도 합니다. 그러다가 이런 책이 있으면 어떨까 생각하게 되었지요. 소설을 읽거나 영화를 볼 때도 지리와 연관시켜 이런저런 상상의 날개를 펴게 되었죠. 그렇게 하다 보니 작품에 숨어 있는 지리가 보이고, 또 그 작품이 새롭게 보였습니다. 그건 분명 신나고 흥미로운 경험이었어요.

이런 이야기를 사계절출판사 청소년 교양팀 팀장님에게 한 적이 있는데, 그것을 잊지 않고 있다가 2012년 가을 내게 이 책의 집필을 권했죠.

가장 어려웠던 건 작품을 선택하는 것이었습니다. 이번에 다룬 스무 개의 작품 외에 열여덟 개의 작품이 더 있었어요. 하지만 이런저런 이유로 포기하거나 다음으로 미룰 수밖에 없었어요.

작품을 선택할 때는 지리학과 잘 맞는가 하는 점과 함께 널리 알려진 작품인가를 중시했어요. 독자들이 잘 아는 문학 작품일수록 지리적으로 새롭게 살펴보면 두 배는 더 재밌기 때문이죠. 또 널리 알려진 작품일수록 반전의 흥미가 더해질 수 있기 때문이었어요. 예측 가능하고 뻔한 전개와 결과보다는, 의미 있고 재밌는 이야기를 하고 싶었답니다.

그래서 유명한 동화와 중·고등학교 교과서에 실린 소설 등을 선택했습니다. 이 책에서처럼 지리학만이 아니라 역사학, 윤리학, 사회학 등 다양한 학문으로 문학을 읽을 수 있다고 봅니다. 인문학뿐 아니라 자연 과학으로도 가능하겠지요. 만약, 화학이나 생물학, 물리학 전공자들이 문학을 그들의 학문으로 읽어 준다면 나도 신 나는 마음으로 서점으로 달려갈 것 같습니다.

마지막으로 이 책이 나오기까지 최선을 다해 주신 사계절출판사 편집진에게 진심으로 감사드립니다. 그리고 재밌는 삽화를 그려 주신 화가님께도 감사드립니다.

2014년 봄

지은이 조지욱

차례

I. 문학 속의 교통과 산업

- 세계적 거짓말쟁이가 탄생한 배경은? 양치기 소년과 늑대
- 허생원은 왜 장을 떠돌며 살았을까? 메밀꽃 필 무렵
- 곽돌이 죽음을 택한 이유는? 매잡이
- 포그는 뭘 믿고 내기를 했을까? 80일간의 세계 일주
- 네로는 왜 하루도 쉬지 못했을까? 플랜더스의 개

봉평장터

양치기 소년과 늑대

세계적 거짓말쟁이가 탄생한 배경은?

양치기 소년은 곧바로 마을로 뛰어내려 갔어요.

"늑대다! 늑대가 나타났어요." 호들갑스럽게 소리쳤지요. 동네 사람들은 깜짝 놀랐어요.

"늑대가 나타났다고?"

"빨리 가 봅시다! 빨리." _10쪽

하지만 그건 양치기의 거짓말이었다. 이렇듯 양치기는 장난을 쳐서 사람들을 산 높은 곳까지 뛰어오게 하곤 했다. 그러던 어느 날 진짜 늑대가 나타났다. 산에서 종을 울리며 양치기 소년이 고함을 지른다. 잔뜩 겁을 먹어 얼굴은 하얗게 질려 있다. 하지만 산 아래서 포도나무 가지를 곧추 잡아 주던 어른들과 올리브 가지를 쳐 주고 있던 어른들까지 아무도 놀라지 않는다. 거리가 가까운 것은 아니지만 고함 소리와 맑고 쩌렁쩌렁한 종소리가 산 사이로 메아리쳐 울리는데도 사람들은 태연하다.

"양치기 저 녀석이 또 거짓말을 하는군."

"내년에는 다른 아이에게 우리의 양을 부탁합시다."

"그럴까요? 저 녀석은 장난이 너무 심해. 이게 벌써 몇 번째야."

사람들은 소년의 간절한 고함 소리를 듣고도 오히려 짜증 섞인 목소리로 양치기 소년을 나무랐다. 며칠 사이에 두 번이나 양치기 녀석에게 속았기 때문이다. 처음도 아니고 세 번씩이나 거짓말을 한다고 생각하니 누가 양치기 소년을 믿어 주겠는가?

하지만 마을 사람들이 양치기의 말을 믿든 믿지 않든 간에, 산 중턱의 너른 풀밭에서는 굶주린 늑대가 살 오른 양을 닥치는 대로 잡아먹고 있었다. 양치기는 너무 놀라 산 아래로 뛰어 내려오다 몇 차례 넘어지고 구르기까지 했다. 어쩌면 발도 삐었겠지만 양치기는 너무 두려워서 아픈 것을 느낄 수조차 없었을 것이다. 이윽고 양치기가 마을 사람들 앞에 모습을 보이자 사람들은 이 상황이 장난이 아님을 눈치챘다. 하지만 이미 산 위에서 벌어지고 있는 늑대의 만행을 막기에는 늦어 버렸다.

널리 알려진 이 동화 덕분에 '양치기'라는 보통 명사는 '양을 치는 사람'이라는 뜻 말고도 '거짓말쟁이'라는 뜻을 지니게 되었다.

『이솝 우화』에 나오는 이 이야기는 어쩌면 처음에 알프스 주변의 마을에서만 떠돌거나 작가의 생각에서만 머물고 있었을지 모른다. 그런데 교통과 통신, 특히 책을 만드는 인쇄술이 발달하면서 우랄 산맥을 넘어 아시아, 그리고 대서양 건너 아메리카에까지 알려졌다.

"자꾸 거짓말하면 양치기 소년처럼 된다."

부모님이나 선생님은 아이들에게 거짓말하지 말라고 이런 말을 한다.

"넌 양치기 소년이야. 난 이제 널 믿지 않겠어."

거짓말을 자주 하면 이런 말을 듣게 된다. 이처럼 양치기 소년은 세계적인 거짓말쟁이가 되었고, 거짓말의 아이콘이 되었다. 모두들 이 이야기를 들려주며 거짓말을 하면 안 된다는 교훈을 설파하기에 바쁘다. 그런데 이 소년, 어딘가 불쌍하지 않은가!

양치기는 어떤 사람이 했을까?

알프스의 이목

"엉! 엉! 훌쩍, 훌쩍." 포도 넝쿨 뒤에서 양치기가 울고 있다. 한바탕 난리를 치른 뒤 모두가 떠난 그 자리에서 양치기는 다시 혼자가 되어 울고 있다. 시원하게 비라도 내려 주면 좋을 것 같은데 이곳은 여름이 건조해서 비를 구경하기 힘들다. 큰 소리로 울다가 힘이 들면 혼자 흐느끼듯 울기를 거듭하였다. 양치기 소년이 우는 이유는 마을 어른들에게 혼나서만은 아니다.

아마 소년은 몇 달째 높은 산에서 홀로 양을 치고 있었을 것이다. 알프스 지역은 이목을 하는 곳인데, 이목은 계절에 따라 산 위와 산 아래를 오가며 가축을 키우는 방법이다. 아무리 옛날이라도 유복한 집안의 아이가 목동 일을 할 리는 없다. 아마 소년은 부모님을 일찍 여의고 몇 년째 양 치는 일을 하며 살아가고 있었을 것이다. 고아가 아니라면 어느 부모가 몇 달간 높은 산에서 양을 치며 혼자 오두막에서 살게 두겠는가?

그러니까 양치기 소년은 자기 집 양을 키우는 것이 아니라 마을 사람들의 양을 키우고 있었다. 마을 어른들은 농사를 짓거나 장사를 하기 때문에 양에게 풀 뜯길 시간이 없다. 양 몇 마리를 키우는 데 시간을 쓰는 것보다 농사를 짓거나 장사를 하는 것이 더 큰 돈을 벌 수 있으니까. 그래서 마을에서 가난하고 돌봐 줄 이 없는 소년에게 양을 치게 하고 며칠 간격으로 먹을 것을 대 주고 약간의 돈을 주었을 것이다. 그렇게 보면 마을 사람들이 소년을 위해서 양을 맡기는 것이기도 하지만, 한편으로는 불쌍한 소년이 바쁜 마을 사람들을 대신해서 홀로 외로움을 감당하는 것이기도 하다.

사실 양치는 일은 어른들이 해야 하고 어른들이 많이 하기도 했다. 특히, 이목을 하는 알프스의 양치기 생활은 어린 소년들이 감당하기에는 너무 힘들고 외롭다. 양치기는 봄이면 산 중턱에 머물며 양을 풀어 놓고 풀을 뜯게 한다. 중턱의 풀을 다 먹이고 뜨거운 여름이 되면 풀을 찾아 더 높은 곳으로 올라간다. 그리고 가을이면 다

● 산에서 풀을 뜯는 양 떼 그리스 칼라마타 산.

시 중턱으로 내려와 그 사이에 자란 풀을 뜯기고 겨울이 되면 마을로 내려와 양 주인들에게 양을 돌려준다. 겨울에는 양 주인들이 자기 집 축사에서 양을 기른다.

이목은 지중해 쪽의 알프스 산지나 에스파냐의 메세타 고원 등 남부 유럽의 지중해성 기후 지역에서 주로 이루어진다. 지중해 연안은 여름이 뜨겁고 건조하여 지중해식 농업으로 유명하지만, 산지에서 이루어지는 이목 또한 이 지역의 특징적인 농업 방식이다. 지중해 연안이 여름에 뜨겁고 건조한 것은 남쪽에서 사하라 사막을 달구

지중해식 농업 주로 올리브나 레몬, 포도 같은 과일 농사를 많이 짓고, 겨울에는 곡물을 재배한다.

던 뜨겁고 건조한 공기 덩어리가 여름이면 북상하여 지중해 연안을 덮기 때문이다.

현재 우리나라에서는 부모님이 안 계신 아이는 국가에서 책임을 지고 교육을 지원해 준다. 학비, 급식, 교과서, EBS 교재까지 모두 지원된다. 그리고 만약 어린아이를 학교에 보내지 않고 마을 사람들이 양 치는 일 같은 마을의 허드렛일이나 시킨다면 그런 어른들은 감옥에 가야 한다. 교육은 국민 모두가 지켜야 할 의무이기 때문이다. 그러나 옛날 알프스 산골 마을에서는 고아에게 양 치는 일을 시키는 것이 그 나름대로 복지 기능을 했다. 형편이 어려운 소년이 일을 해서 먹고살 수 있게 해 줬으니까.

하지만 아무리 그래도 입에 풀칠하는 것이 다일 수는 없다. 양치기 소년도 다른 친구들과 놀고 싶고, 마을 사람들과 정을 나누고 싶었을 것이다. 그래서 거짓말로 사람들을 산으로 불러올리다 끝내는 일을 내고 말았다. 소년은 자신의 처지가 얼마나 서러웠을까? 양치기 소년 이야기를 읽으면서 이목의 실상을 떠올려 본다면, 양치기 소년이 거짓말한 것이 잘한 일이라고는 할 수 없지만 이해는 하게 된다.

양치기의 고향은 어디일까?

알프스·히말라야 조산대

『이솝 우화』에 나오는 양치기의 고향이 어디인지 확실히 알 수는 없다. 그도 그럴 것이 이 이야기가 이솝이 만든 것인지, 옛날부터 사람들의 입에서 입으로 전해 내려오던 이야기인지 정확하지 않기 때문이다. 다만 이솝이 기원전 6세기경에 살았던 고대 그리스인이니까, 고대 그리스 지역이거나 그와 가까운 곳이 아닐까 짐작해 본다(이솝이 아프리카 에티오피아에서 태어났다는 주장도 있다).

고대 그리스 지역은 지금의 그리스보다 더 넓다. 지금의 지중해 연안과 흑해 연안, 그리고 북부 아프리카에까지 이르렀다. 이 지역은 알프스·히말라야 조산대가 지나는 곳으로 유럽을 남북으로 가르는 알프스 산맥, 에스파냐의 피레네 산맥, 발칸 반도의 디나르 알

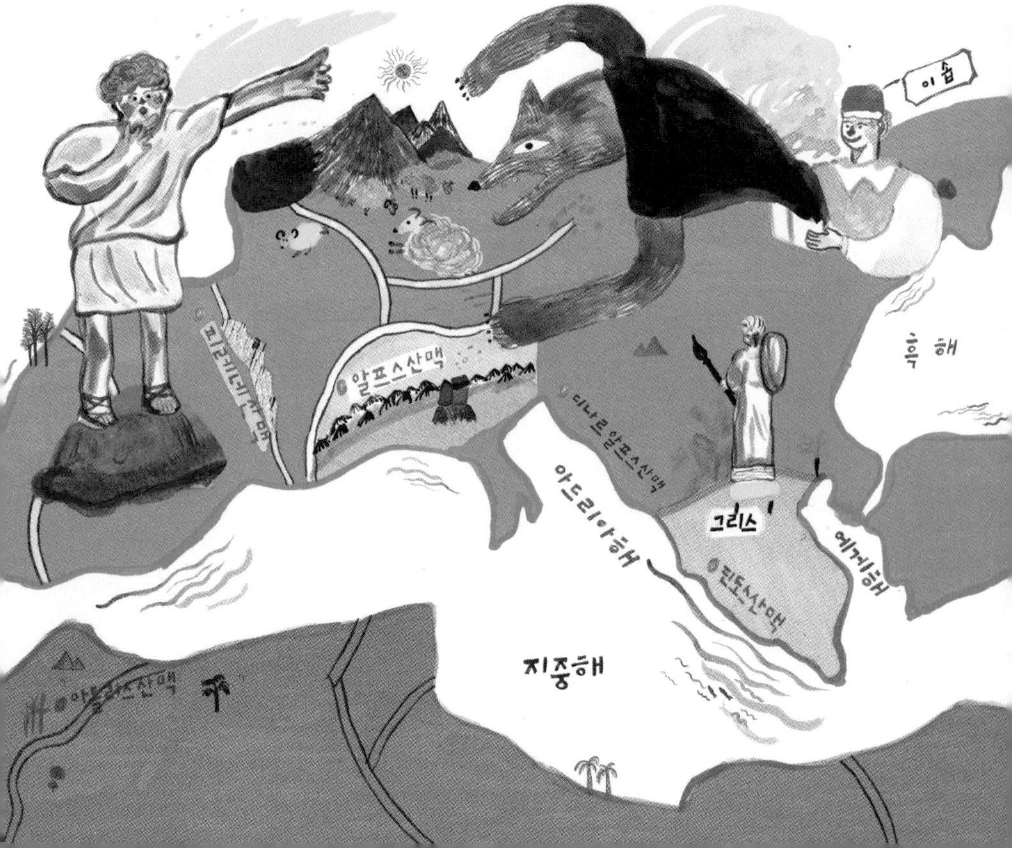

프스 산맥, 그리스의 핀도스 산맥 등이 있다.

이야기 속 양치기 소년은 알프스·히말라야 조산대의 산자락에 있는 마을에서 태어났다. '산자락'이라고 하니까 동네 뒷동산 같지만 알프스·히말라야 조산대는 아프리카 판, 아라비아 판이 인도 판 및 유라시아 판과 충돌하는 과정에서 만들어진 지대로, 여기에는 높은 산맥들이 많다. 이 중 유럽을 대표하는 알프스 산맥은 대산맥이다. 프랑스, 이탈리아, 오스트리아, 스위스 등에 걸쳐 있으며, 남부 유럽과 북서 유럽의 경계가 되기도 한다. 이곳은 해발 고도가 4000m 이상인 산도 있을 만큼 높고 험하다.

고대 그리스 지역의 산맥들은 대부분 알프스·히말라야 조산대에 속한다. 이 조산대는 판과 판의 충돌로 지각이 휘어지는 작용이 활발하고 땅이 높이 솟아오르면서 하천이 발달하여 깊은 골짜기를 만들고 기복이 심한 산지를 이룬다. 산에는 빙하가 깎아 놓은 뾰족한 봉우리와 급경사의 산비탈도 많지만 비교적 완만한 곳도 여러 군데 있다. 지금은 이런 곳에 스키장을 만들어 많은 사람들이 스포츠를 즐긴다. 겨울이면 동계 올림픽 같은 겨울 스포츠 대회가 열리기도 하고, 가족이나 친구끼리 놀러 온 관광객이 스키나 스노보드를 타며

알프스·히말라야 조산대 중생대 말에서 신생대에 걸쳐 조산 운동이 일어났던 지대이다. 아프리카의 아틀라스 산맥에서 유럽 알프스, 이란의 자그로스, 히말라야, 미얀마의 아라칸 산맥 등을 거쳐 인도네시아의 수마트라 섬에 이른다. 전 세계 대형 지진의 17%, 모든 지진의 5~6%가 이곳에서 발생한다.

폼 나게 논다. 그중에는 양치기 소년 또래의 아이들도 많다.

한편, 고대 그리스 지역의 기후는 대부분 봄, 여름, 가을, 겨울 4계절이 나타나는 온대 기후이다. 그런데 이곳은 같은 온대 기후라도 우리나라와 달리 여름에는 비가 거의 없는 온대 기후(지중해성 기후) 지역이다. 기후는 쉽게 변하는 것이 아니라서 양치기 소년이 살았던 때도 지금과 크게 다르지는 않았을 것이다.

여름에도 산 위는 덥지 않은데 그 이유는 해발 고도가 500m 높아지면 기온은 보통 3℃ 정도 낮아지기 때문이다. 그래서 양치기 소년이 살던 마을에서도 주변 산으로 올라가면 시원하고 넓게 풀밭이 펼쳐져 있었다. 우리나라 대관령 고원이나 진안 고원에 큰 목장이 있는 것도 같은 까닭이다. 이곳의 풀은 양을 먹이기 위해 일부러 키운 것이 아니라 자연이 인간에게 준 선물이다.

사랑과 관심이 필요해

에티오피아 서부 지역 '카파'(지금의 짐마)라는 곳에는 건기와 우기를 오가는 기후에 낙타와 염소를 치는 유목민들이 살고 있었다. 9세기 무렵 염소를 돌보던 목동이 염소들이 어떤 붉은 열매를 즐겨 먹는 것을 보고 자기도 한번 먹어 봤다. 그랬더니 나른함이 사라지고 정신이 바짝 들었다. 그건 바로 커피였다. 번쩍 정신이 든 것은 물론 커피에 들어 있는 카페인 때문이겠지만, 나른하고 졸리고 외로운 이유는 말 못 하는 동물을 돌보며 혼자 지내야 하는 생활에 있었을 터이다.

생각해 보자. '늑대보다도 더 무서운 외로움을 느끼며 소년이 높은 산에 살고 있다.' 내가 양치기라면 외로움과 지루함을 달래기 위해 무엇을 할까? 요즘은 스마트폰이 있어서 혼자서도 그렇게 심심하지 않다. 아니 오히려 여럿이 같이 있을 때도 마치 혼자 있는 것처럼 행동한다. 카페에서 두 친구가 마주 앉아 대화 없이 스마트폰에 빠져 있는 것을 보면 '저 둘은 무엇 하러 만났을까?', '도대체 왜 저러는 걸까?'라는 의문이 들 정도다. 그러니 스마트폰이 있다면 우리는 인터넷 검색도 하고 게임도 즐기며 오히려 마을 사람들이 올라올까 봐 눈치를 봤을 것이다. 그런 우리가, 그런 이 시대 사람들이 과연 양치기 소년의 외로움을 헤아릴 수 있을까?

오늘날에는 오스트레일리아나 뉴질랜드에서 값싼 양모가 대량으로 수입되고, 수목 농업(포도, 오렌지, 레몬 같은 과수 농업)이 발달하면서 지중해 지역의 이목은 지속적으로 쇠퇴하고 있다. 언젠가는 이목이 사라질지도 모른다. 하지만 이 이야기가 주는 교훈은 영원히 계속될 것이다. 이제 양치기 소년을 거짓말쟁이로만 기억하지 말고, 외로운 소년으로도 기억하자. 그리고 삼세번이라고 하는데 한 번쯤은 더 사람을 믿어 보는 연습을 하자.

메밀꽃 필 무렵

허생원은 왜 장을 떠돌며 살았을까?

허생원은 얼굴에 굵고 깊게 얽은 자국이 성기게 있는 얽둑빼기에 왼손잡이다. 그는 장돌뱅이로 이 장 저 장을 떠돈다. 그래도 봉평장을 빠뜨린 적은 거의 없다. 그날도 봉평 장날이었다. 장돌뱅이 허생원과 조선달은 파장하고 짐을 챙겨 자신들이 머물 충주집으로 향했다. 여름이라서 해는 아직 중천에 걸려 있다. 충주집에서는 동이라는 총각이 여자들과 농지거리를 하고 있었다. 이를 본 허생원이 까닭 모를 화가 치밀어 동이의 따귀를 갈긴다.

"어디서 주워 먹은 선머슴인지는 모르겠으나, 네게도 아비 어미는 있겠지. 그 사나운 꼴 보면 맘 좋겠다. 장사란 탐탁하게 해야 되

지, 계집이 다 무어야. 나가거라, 냉큼 꼴 치워." _113쪽

웬일인지 동이는 별 대꾸 없이 물러간다. 이에 허생원은 동이에게 괜히 미안한 생각마저 들었다. 그런데 그날 밤 동이가 허생원의 나귀가 날뛰는 것을 알려 줘 사고가 날 것을 막았다. 그것도 그것이려니와 동이의 마음씨가 허생원의 가슴을 울렸다. 이리하여 다음 날 허생원, 동이, 조선달은 한 팀이 되어 대화 장을 향한다. 하루 종일 물건을 팔기 위해 부산을 떨다가 장을 마무리하고 다음 장으로 가는 길은 장돌뱅이에게는 추억이 된다. 특히, 허생원에게 봉평 장에서 대화 장으로 가는 길은 더욱 그렇다.

빚을 지기 시작하니 재산을 모을 염은 당초에 틀리고 간신히 입에 풀칠을 하러 장에서 장으로 돌아다니게 되었다. (……) 그렇다고는 하여도 꼭 한 번의 첫 일을 잊을 수는 없었다. 뒤에도 처음에도 없는 단 한 번의 괴이한 인연! 봉평에 다니기 시작한 젊은 시절의 일이었으나 그것을 생각할 적만은 그도 산 보람을 느꼈다.

"달밤이었으나 어떻게 해서 그렇게 됐는지 지금 생각해도 도무지 알 수는 없어." _116쪽

20년 전 물레방앗간에서 성 서방네 처녀와 우연히 만나 하룻밤을 함께 지낸 허생원이 추억을 풀어 놓았다. 이야기를 듣던 동이도 자기 얘기를 꺼냈다. 아버지의 얼굴도 모르고 자란 자신의 숨기

고 싶은 과거였다. 동이 어머니는 봉평 사람인데 달도 차기 전에 자신을 낳고 집에서 쫓겨났다. 그 후 어머니는 제천에서 술집을 하면서 망나니 같은 새아버지와 같이 살고, 자신은 집을 나와 장돌뱅이가 되었다는 것이다. 다시 셋은 길을 재촉한다. 허생원은 내일 대화장을 보고는 제천으로 가겠다고 한다. 왼손잡이인 허생원은 동이의 왼손에 채찍이 들려져 있는 것을 보고 놀란다.

이 소설은 장돌뱅이 허생원이 아들일지도 모르는 젊은 장돌뱅이 동이와 함께 대화 장까지 80리 길을 동행하며 과거를 회상하는 사랑 이야기다. 그 사랑은 달이 훤한 밤 봉평 메밀꽃 밭을 배경으로 허생원이 젊었을 적 하룻밤 맺은 인연에서 비롯되었다. 그리고 그 인연은 허생원에게 평생을 간직한 그리움이고, 늘 봉평을 찾는 이유였다.

'봉평'은 어떤 곳일까?

고위 평탄면

소설 「메밀꽃 필 무렵」의 무대인 봉평은 지금도 가을이면 메밀꽃이 여기저기 흐드러지게 핀다. 봉평 인근의 산허리는 물론 흥정천 개울가 등 곳곳이 메밀밭으로, 그 넓이가 축구장 100개 정도나 된다. 메밀꽃 밭은 초록 벌판에 흰 눈을 뿌린 듯하다. 메밀은 가뭄에

● 봉평의 메밀밭

강하고 재배 기간이 짧아 벼가 흉년이 들 때를 대비해서 심는 식물(구황 작물)이었다. 그러던 것이 요즘에는 메밀이 피를 맑게 해 주고 피부에도 좋다고 해서 찾는 이가 많아졌다. 메밀꽃은 9월인 초가을에 활짝 핀다. 메밀꽃은 말 그대로 '메밀의 꽃'인데, 바닷가의 어부들은 파도가 일 때 하얗게 부서지는 포말을 가리켜 '메밀꽃이 폈다.'고 한다. 가을 봉평은 고원에 파도가 이는 곳이다.

달은 지금 긴 산허리에 걸려 있다. 밤중을 지난 무렵인지 죽은 듯이 고요한 속에서 짐승 같은 달의 숨소리가 손에 잡힐 듯이 들리며, 콩 포기와 옥수수 잎새가 한층 달에 푸르게 젖었다. 산허리는 온통 메밀밭이어서 피기 시작한 꽃이 소금을 뿌린 듯이 흐뭇한 달빛에 숨이 막힐 지경이다. 붉은 대궁이 향기같이 애잔하고 나귀들의 걸

음도 시원하다. _116쪽

강원도 봉평은 태기산을 비롯해 흥정산, 회령봉 등 1000m가 넘는 높은 산봉우리들에 둘러싸여 있다. 소설에서 '산허리는 온통 메밀밭이어서'라는 표현은 이곳의 산지가 밭으로 이용되고 있음을 말해 준다. 밭으로 이용된다면 그곳 지형이 비교적 평탄할 것이라고 예상할 수 있다.

봉평이 해발 고도가 높고 비교적 평탄한 땅이 된 이유는 신생대 제3기 때 동쪽 지방이 전체적으로 높이 솟아올랐기 때문이다. 좀 자세히 설명하면, 공룡이 살았던 중생대에 격렬한 지각 운동을 받은 한반도는 높고 험준한 산이 많고 화산 활동도 빈번해서 오늘날 일본처럼 불안정한 땅이었다. 하지만 그 후 오랜 시간 동안 침식을 받아 중생대 말쯤에는 높은 산이 낮은 산으로 바뀌고, 낮은 산은 거의 평탄한 곳으로 바뀌었다. 그리고 신생대에 들어와서 한반도가 전체적으로 솟아오르기 시작했는데, 이때 서쪽에 비해 동쪽 지역이 더 높이 솟아올랐다. 동쪽이 높이 솟아오른 이유는 동해 쪽 지각이 갈라지면서 한반도 동쪽에 큰 힘이 가해졌기 때문이다. 그래서 동쪽 지방에는 넓은 고원이 만들어지게 되었다. 이후 고원 지역에 비가 내리고 하천이 발달하여 고원 곳곳을 깎고 파기 시작했다. 그래서 우리 땅 동쪽에 있는 강원도는 산이 높고 계곡이 깊은 곳으로 변하였고, 곳곳에 높고 평탄한 땅(고위 평탄면)이 남게 되었다. 그리고 지금도 그런 일은 계속되고 있다.

● 강원도의 고위 평탄면

강원도의 고위 평탄면은 태백산맥의 오대산, 육백산, 태백산 사이에서 두루두루 나타난다. 이곳은 1970년대 영동 고속 도로가 뚫리면서 대규모 목축업과 고랭지 채소 재배가 활발한 땅으로 바뀌었다. 이곳은 여름에는 시원해서 더위를 피하려는 관광객이 많이 모이고, 겨울에는 스키장으로 이용되고 있다. 2018년 평창 동계 올림픽을 개최하게 된 가장 큰 이유도 바로 이곳이 고위 평탄면이기 때문이다. 봉평은 행정 구역상 평창군에 속한다.

봉평은 「메밀꽃 필 무렵」의 작가 이효석의 고향이기도 하다. 그래서 소설 속에는 실제로 존재했던 공간들이 꽤 있다. 허생원이 동이의 따귀를 때린 충주집은 실제로 있던 주막인데, 지금은 봉평 장의 좁은 도로에 충주집 터를 알리는 안내석만 있을 뿐이다. 허생원과 성 서방네 처녀가 마주쳤던 물레방앗간은 본래 봉평 장터 옆에 있었으나 지금은 흥정천 건너편 산자락으로 옮겨졌다. 만약 봉평에 간다면 메밀국수와 메밀전만이 아니라 수천만 년의 역사를 간직한 고위 평탄면도 함께 느껴 보자.

봉평 장에서는 무엇을 팔았을까?

우리나라 전통 시장(정기 시장)

"그만 거둘까?"

"잘 생각했네. 봉평 장에서 한 번이나 흐뭇하게 사 본 일 있을까. 내일 대화 장에서나 한몫 벌어야겠네."

"오늘밤은 밤을 새서 걸어야 될걸?"

"달이 뜨렷다?"

절렁절렁 소리를 내며 조선달이 그날 산 돈을 따지는 것을 보고 허생원은 말뚝에서 넓은 휘장을 걷고 벌여 놓았던 물건을 거두기 시작하였다. 무명필과 주단바리가 두 고리짝에 꼭 찼다. 멍석 위에는 천 조각이 어수선하게 남았다. _112~113쪽

옛날 전통 시장에도 그 시대를 살아가기에 필요한 것은 다 있었다. 어물 장수, 땜장이, 엿장수, 생강 장수 등이 요란하게 좌판을 벌이고 손님을 맞았다. 어물 장수는 명태, 오징어, 새우, 미역 등 바다

에서 나는 것을 팔았다. 이들은 바구니에 물건을 넣어 머리에 이고 다니거나 지게에 물건을 얹어 마을이나 장터를 돌아다녔다. 땜장이는 양은 냄비나 솥 같은 철로 만든 물건에 생긴 구멍을 때웠다. 이들은 풀무와 화로, 인두를 메고 다녔다. 구멍 난 냄비라도 맡으면 화롯불이 피도록 풀무질을 한 뒤 땜인두를 꽂아 빨갛게 달구고 나서 납을 뚫어진 구멍에 맞추고 인두로 녹였다. 그런 다음 구멍이 메워지면 평평해지도록 망치로 두드려 폈다. 1960년대까지도 사람들은 금이 가거나 구멍이 뚫린 솥이나 주전자, 냄비 등을 때워서 다시 사용하였다. 요즘처럼 싫증 난다고 멀쩡한 물건을 버리는 일은 거의 없었다.

엿장수는 넓은 판에다 엿을 담고 다녔다. 엿은 재료로 찹쌀을 가장 많이 썼고, 옥수수, 조, 고구마로도 만들었다. 전라도의 고구마엿, 충청도의 무엿, 강원도·경상도의 황골엿(옥수수엿 또는 강냉이엿), 제주도의 꿩엿·닭엿·돼지고기엿·하늘애기엿·호박엿 등 정말 다양했다. '엿을 먹으면 시험에 붙는다.'고 해서 시험 치는 사람에게 엿을 선물하거나 혼례 때 엿을 보내 시집 식구들이 새 며느리 흉 못보도록 입막음을 하는 풍습이 있었다. 생강 장수가 파는 생강은 중국에서는 2500여 년 전부터, 한국에서는 고려 시대부터 재배했다고 한다. 생강은 음식 재료로도 쓰이지만, 감기로 인한 두통과 구토, 가래를 치료하며 식중독에도 효과가 있어 끓여서 차로 마시기도 했다. 그때는 약이 귀하던 때라 생강은 정말 중요한 약재였다.

소설 속 허생원은 드팀전 주인이다. 드팀전은 옷감이나 옷 같은 것을 파는 가게다. 허생원이 팔던 무명과 주단은 옷감이나 이불감으로 쓰이는 천으로, 무명은 면직물의 한 종류이며 주단은 비단의 한 종류이다. 그리고 무명필은 '무명+필', 주단바리는 '주단+바리'로 두 단어가 합쳐진 말이다. 필은 천을 세는 단위고, 바리는 가축의 등에 잔뜩 실은 짐을 이르는 말로 주단을 세는 단위다.

장돌뱅이는 왜 떠돌까?

정기 시장의 구조와 보부상

대화까지는 팔십 리의 밤길, 고개를 둘이나 넘고 개울을 하나 건너고 벌판과 산길을 걸어야 된다. (……) 길이 좁은 까닭에 세 사람은 나귀를 타고 외줄로 늘어섰다. 방울 소리가 시원스럽게 딸랑딸랑 메밀밭께로 흘러간다. 앞장선 허생원의 이야기 소리는 꽁무니에 선 동이에게는 확적히는 안 들렸으나, 그는 그대로 개운한 제 멋에 적적하지는 않았다.

"장 선 꼭 이런 날 밤이었네. 객줏집 토방이란 무더워서 잠이 들어야지. 밤중은 돼서 혼자 일어나 개울가에 목욕하러 나갔지. 봉평은 지금이나 그제나 마찬가지지. 보이는 곳마다 메밀밭이어서 개울가가 어디 없이 하얀 꽃이야. 돌밭에 벗어도 좋을 것을, 달이 너무나 밝은 까닭에 옷을 벗으러 물방앗간으로 들어가지 않았나. 이상한 일도 많지. 거기서 난데없는 성 서방네 처녀와 마주쳤단 말이네.

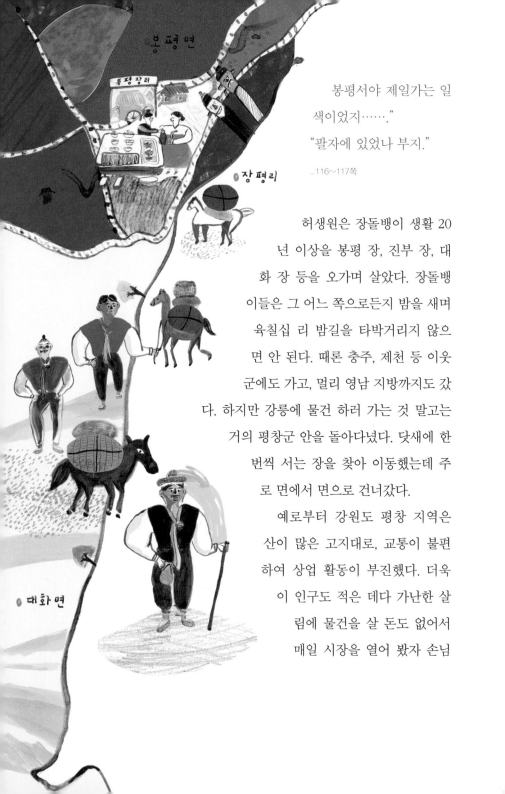

봉평서야 제일가는 일색이었지……."

"팔자에 있었나 부지."

_116~117쪽

허생원은 장돌뱅이 생활 20년 이상을 봉평 장, 진부 장, 대화 장 등을 오가며 살았다. 장돌뱅이들은 그 어느 쪽으로든지 밤을 새며 육칠십 리 밤길을 타박거리지 않으면 안 된다. 때론 충주, 제천 등 이웃 군에도 가고, 멀리 영남 지방까지도 갔다. 하지만 강릉에 물건 하러 가는 것 말고는 거의 평창군 안을 돌아다녔다. 닷새에 한 번씩 서는 장을 찾아 이동했는데 주로 면에서 면으로 건너갔다.

예로부터 강원도 평창 지역은 산이 많은 고지대로, 교통이 불편하여 상업 활동이 부진했다. 더욱이 인구도 적은 데다 가난한 살림에 물건을 살 돈도 없어서 매일 시장을 열어 봤자 손님도 별로 없었다.

사실 평창뿐 아니라 우리나라 대부분이 당시에는 비슷한 상황이었다. 따라서 5일, 7일, 10일, 15일 등 일정한 간격을 두고 열리는 정기 시장이 대세였다. 정기 시장 중에는 5일마다 열리는 5일장이 가장 많았다. 18세기 때도 평창에서는 읍내 장이 5일과 10일, 미탄 장과 진부 장이 3일과 8일, 통면 장과 대화 장이 4일과 9일, 봉평 장이 2일과 7일인 날에 맞춰 열렸다. 생각해 보면 수백 년 동안 같은 날 장이 열린다는 것이 신기하기까지 하다. 수백년 전 사람들과 내가 단절된 것이 아니라 이어져 있다는 것이 피부로 느껴진다. 그 후 시대에 따라 평창의 장은 4개로 줄거나 5개로 늘거나를 왔다 갔다 하다가, 2008년 현재는 읍내 장·대화 장·봉평 장·진부 장이 열리고 있다.

오늘날에도 봉평 장은 끝자리가 2와 7인 날 열리는 5일장이다. 봉평 장은 오전 8시에 문을 열고 저녁 6시면 파장을 한다. 보통 큰 시장들은 오전 7시면 문을 여는데, 봉평 장은 그만큼 작아진 것이다. 봉평 장에서 짐을 푸는 상인들은 대부분 평창군 사람들이다. 다

강원도 최고의 '대화 장' 대화면은 평창군의 중심에 위치하며, 옥수수와 콩, 감자 등이 대표 산물이다. 대화면은 서울과 강릉 사이를 잇는 교통의 요지로 상업이 크게 번성했던 곳이다. 옛날에는 '서울 동대문 밖에서 대화 장을 보라.'는 말이 있었다. 그만큼 대화 장은 대단해서 전국에서 아주 큰 15개 시장 중 하나였으며, 강원도에서는 유일하게 포함되었다. 오늘날 대화 장은 평창읍 대화면 소재지 중심 상가와 뒷골목 건물 사이사이에서 펼쳐진다.

른 장에 비해 장사가 신통치 않다 보니 멀리서 오는 상인들은 이미 봉평 장을 버린 지 오래다.

한편, 오늘날의 봉평과 그 일대는 작가 이효석이 살던 시대와는 많은 것이 변했다. 허생원이 동이와 함께 달빛을 등불 삼아 걸었던 봉평 장에서 대화 장까지 80리 길도 지금은 바뀌었다. 길이 좁아 세 사람이 나귀를 타고 외줄로 늘어서서 걷던 산길은 넓은 6번 국도가 되었다. 허생원과 나귀가 숨 가쁘게 넘던 노루목은 영동 고속 도로가 나면서 절반은 사라졌다. 노루목 고개는 장평과 봉평 사이의 고개로 대화에 가려면 반드시 넘어야 했다. 이제 세 사람이 나란히 서서 걷기에 충분한 고갯길은 잡초 무성한 고갯마루로 남아 장돌뱅이들의 숨찬 발걸음을 간직하고 있는 듯하다.

전통 시장을 어떻게 살릴까?

「메밀꽃 필 무렵」을 읽고, 허생원처럼 물레방앗간에서 하룻밤의 인연을 기대하는 사람이 있을 수 있다. 하지만 오늘날에는 이런 우연을 만나기가 힘들다. 한때 온 나라에 퍼져 있던 5일장 같은 전통 시장이 차츰 전설이 되어 가고 있기 때문이다. 그리고 얼마 남지 않은 장돌뱅이들은 이제 장이 파하면 걸어서 다음 장으로 가는 게 아니라 트럭을 타고 집으로 간다.

가끔 텔레비전을 보면 '전통 시장 살리기' 같은 프로그램을 할 때가 있다. 어떤 이는 사라지는 것은 사라질 이유가 있기 때문이니 그냥 놔두자고 한다. 그러나 그냥 놔두기에는 전통 시장에서 생계를 잇거나 식료품을 구하는 사람들이 아직은 아주 많다. 전통 시장을 살리는 것이 정부의 숙제가 된 것만 봐도 전통 시장의 필요성을 알 수 있다.

정부는 전국의 전통 시장을 활성화하기 위해 2002년부터 2010년까지 약 1조 2000억 원을 지원했다. 이 돈으로 800여 개 전통 시장에 아케이드, 주차장, 진입로, 공동 창고, 교육장, 안내 센터 등을 설치하고 개선했다. 사람들에게 물어보니 '전통 시장이 불편하고 지저분하다.'고 지적해서 나온 대책이었다.

하지만 오늘날 대형 마트, 기업형 슈퍼마켓인 SSM, 온라인 쇼핑, 스마트폰 보급에 따른 모바일 쇼핑, 반값에 도전 중인 소셜커머스 등 전통 시장의 영역을 빼앗아 가는 새로운 시장들이 끝없이 등장하고 있다. 만약 허생원이나 조선달이 이 꼴을 본다면 마음이 어떨까? 어쩌면 동이는 새벽부터 나가 대형 마트 입점 반대 운동을 하고 있을지도 모르겠다. 다양한 물건들로 넘쳐나는 대형 마트는 넓고 쾌적한 주차 시설을 갖추고 1+1 행사 등을 벌이며 밤 12시까지도 문을 연 채 손님을 기다린다. 여성의 사회 활동이 활발해지고 한 가정 자동차 한 대 보유 시대가 열리면서 사람들의 소비 패턴이 바뀌었고, 대형 마트는 이에 맞춰 진화했다. 하지만 전통 시장은 말 그대로 여전히 전통적이다.

그럼, 세계 어디에서나 전통 시장은 다 죽어 가고 있을까? 영국

런던 북서 지역에 있는 해로(Harrow) 시장은 운영 시간을 저녁에 맞도록 변경해 소비자의 생활 패턴에 적응하고 있다. 맞벌이 부부 등 현대인들 중에는 늦게 퇴근해서 장을 보는 사람들이 늘고 있다. 우리나라는 1인 가구와 2인 가구가 전체 가구 수의 절반 이상을 차지한다. 전통 시장에서 싱글족과 2인 가족이 즐길 수 있는 먹을거리를 개발하면 어떨까? 또 단지 물건을 사고파는 곳에 그치지 않고 전통 시장을 주민이 즐길 수 있는 문화 공간으로 바꾸는 건 어떨까?

일본 중부 이시카와 현 가나자와 시에 있는 오미초 전통 시장은 290년 역사를 자랑한다. 이 시장은 3층짜리 건물로 다시 탄생하여 1층에 전통 시장, 2층에 푸드코트, 3층에는 시가 운영하는 문화 센터인 '교류 플라자'를 설치했다. 이곳에서는 시민들을 위한 교양 강좌가 열리고, 아이를 맡길 수 있는 탁아소도 만들어져 있다. 오미초 시장을 찾는 고객은 하루 평균 1만 5000명이 넘는다고 한다.

이 밖에도 좋은 재료를 공급받을 수 있는 방법, 나아가 시장을 관광지로 발전시키는 방법 등을 생각해 볼 수 있다. 가끔 풀기 힘든 어떤 문제를 만날 땐 이런 말을 떠올려 보자. '방법은 있을 거야. 단, 지금 내가 그 답을 모를 뿐이지.'

매잡이

곽돌이 죽음을 택한 이유는?

전라도 어느 산골에 곽돌(곽 서방)과 벙어리 소년 중식이 살았다. 곽돌은 사라져 가는 매잡이의 삶을 고수하는 사람이고, 중식은 그런 곽돌을 인정하고 돕는다. 한때는 많은 사람들이 매사냥을 즐겼고, 한 마을에만도 수십 명에 이르는 매잡이가 있었다. 매잡이는 매 한 마리만 있으면 밥이나 잠자리 걱정은 하지 않아도 되는, 마을 최고의 스타였다. 그런데 언제부터인가 사람들이 하나둘씩 매사냥을 관두더니 매잡이가 거의 사라져 버렸다. 다른 할 일이 없어도 이제는 몰이꾼조차 하질 않으려 한다. 몰이꾼 일을 하느니 화투판이나 벌이는 게 더 낫다고 생각한다. 이 마을에서도 곽돌만 다른 일거리를 마다하고 매잡이를 고집하고 있을 뿐이다. 곽돌은 언제나 중식을 데리고 사냥을 나섰고, '번개쇠'란 이름을 가진 사냥매를 부렸다. 그러던 어느 날 번개쇠가 꿩을 잡아먹고 멀리 날아가 버렸다.

> 집으로 돌아오는 길에 곽 서방은 생각하였다. 아마 서 영감은 되려 시원해할지도 모르지. (……)
> "자넨 요순 세상의 선비로군." 하며 곽 서방을 비웃거나 "지금이 어느 때라고……. 그래, 밥을 먹고 살겠다는 건가." 하고 까놓고 싫은 소리를 자주 하는 것이었다. _303쪽

야박하게 말하는 서 영감이지만 한때 서 영감은 매잡이들의 단골 주인이었다. 그런 서 영감도 변했다. 오히려 마을의 누구보다도 곽돌에게 싫은 소리를 많이 했다. 그날 밤부터 곽돌은 걱정이 쌓였다. 장날이면 날아가 버린 매의 기별이 꽁지에 쓰인 주소로 매 주인에게 전해지고, 그러면 매의 값으로 쌀 한 말 값은 마련을 해야 했다. 하지만 곽돌은 단돈 한 푼도 가진 게 없었다. 그렇다고 공짜로 매를 받아 오는 것은 도리도 아니고 자존심이 허락하지도 않았다. 마을로 팔려 가는 한이 있더라도 매를 그냥 받아 오는 것만은 큰 수치였다. 그것이 바로 매잡이들의 풍습이었다.

장날이 되고, 곽돌은 자신의 매를 그 옛날 매잡이에게서 찾았다. 그도 한때는 잘나가는 매잡이였다. 곽돌이 가져온 돈으로 매의 값을 치르려 했지만 그는 받지 않았다. 그 돈은 서 영감이 '앞으로 매 사냥을 안 하겠다.'는 조건으로 빌려 준 것이었다. 물론 곽돌은 그

● **매잡이** 지금은 옛 풍속이 되었지만 한때는 누군가의
어엿한 직업이었다. 미국문서기록보관청 소장 사진.

약속에 대한 대답을 남기지 않았다. 그날 이후 곽돌은 말이 없어졌고, 식음을 끊고 서 영감네 헛간에서 죽어 간다.

이청준의 「매잡이」는 매잡이 곽돌의 죽음과 그를 취재하는 소설가의 이야기가 액자 소설 구조로 좀 복잡하게 그려져 있다. 매잡이는 이제 옛 풍속이 되었지만, 한때는 누군가가 그 일로 생계를 이어 나가던 어엿한 직업이었다. 공업화가 진행되는 사회에서 매잡이는 사라져 가는 많은 것들 중 하나였다. 매잡이 곽돌의 죽음은 바로 오래된 한 직업의 죽음이자, 산업 구조의 변화 속에서 나타난 사건이기도 하다.

매사냥은 어떻게 했을까?

매사냥 기술

"떴다! 꿩 떴다아."

그는 목청을 돋아 외치며 산봉우리를 쳐다보았다. 기다렸다는 듯이 산꼭대기에서는 번개쇠가 떠올랐다. 놈은 바람을 탄 연기처럼 좀 더 떠올라 골짜기 위의 하늘을 맴도는 듯하더니 이윽고 살처럼 골짜기로 내리박혔다. 곽 서방은 놈이 내리꽂힌 지점을 향해 내닫기 시작했다. _392쪽

우리나라에서는 가을 추수가 끝날 무렵부터 시작하여 이듬해 봄까지 매를 이용해 야산이나 들판에서 꿩이나 토끼를 사냥했다. 매사냥 그 자체는 농사와 관련이 없지만, 자연의 주기에 따라 할 일이 정해지는 농업 사회에서 농한기를 이용한 수렵 활동이자 마을 사람들이 공동으로 참여하는 중요한 놀이가 매사냥이었다. 곧 농경 사회에 딱 어울리는 놀이인 셈이다.

야생 매를 길들이기는 쉽지 않다. 사냥매는 야생하는 매를 그물로 잡는 데서 시작한다. 매를 잡고 나면 '봉받이' 또는 '매꾼'으로 불리는 조련사가 매를 길들인다. 매는 처음에 좁은 방에 가둬 키우며, 여러 사람의 팔뚝에 번갈아 앉힌다. 이는 매가 사람과 친해질 수 있도록 하기 위해서다. 매 길들이기가 끝나면 사냥을 나가는데, 이때는 매꾼, 털이꾼, 배꾼 등 대여섯 명이 함께 간다.

털이꾼은 숲에 숨어 있는 꿩을 몰고, 배꾼은 매가 날아가는 방향을 본다. 털이꾼이 "우~ 우~ 우~" 소리를 지르면서 작대기로 땅을 치며 나아가면, 수풀에 숨어 있던 꿩들이 놀라서 날아오른다. 이때 털이꾼이 "애기야!" 하며 귀청이 떨어져라 크게 소리를 질러 꿩의 정신을 쏙 뺀다. 그러면 산마루에서 내려다보고 있던 매꾼이 "매 나간다!"라고 소리치며 도망치는 꿩을 향해 매를 날리고, 매는 바람처럼 날아가 꿩을 덮친다. 이때가 중요한데 매잡이들은 빨리 달려가 매한테서 꿩을 곧바로 빼앗아야 한다. 그러지 않으면 매가 꿩을 먹어 버린다. 매는 배가 부르면 사냥에 나서려고 하지 않고, 멀리 날아가 버린다.

여기서 잠깐, 매사냥을 소재로 한 노래 한 곡을 들어 보자.

까투리, 까투리, (……) 까투리 사냥을 나간다.
후여~ 후여~ (……)

전라도 지리산으로 꿩 사냥을 나간다.
지리산에 올라 무등산을 보고 나주 금성산에 당도하니
까투리 한 마리 푸두둥 하니 매방울이 떨렁~

충청도 계룡산으로 까투리 사냥을 나간다.
계룡산에 올라 속리산을 보고 가야산에 당도하니
까투리 한 마리 푸두둥 하니 매방울이 떨렁~

이것은 '까투리 타령'이란 민요의 가사이다. 노랫말처럼 매사냥은 전국 곳곳에서 행해졌다. '까투리'는 암꿩을 말하고, 수꿩은 '장끼'라고 한다. 매의 이름도 날지니, 수지니, 해동청, 보라매 등 나이와 용도에 따라 다르게 불렸다. 보통 사냥매는 '송골매' 또는 '해동청'이라 하고, 새끼 때부터 사람들이 길들여 1년이 안 된 송골매를 '보라매'라고도 한다. 보라매는 새끼 때부터 사람 손에 자랐기 때문에 말도 잘 듣고 사냥 기술도 좋다. 사람 손에서 1년쯤 크면 '수지니', 3년 이상이 되면 '삼계참'이라 불렸는데, 수지니와 삼계참은 단숨에 꿩을 제압하는 최고의 사냥매였다.

우리나라에서만 매사냥을 했을까?

매사냥의 역사

매가 우리나라에서만 사는 새가 아니듯 매사냥도 세계 곳곳에서 이루어졌다. 고대의 인도, 중국, 이집트, 페르시아 등에서도 매사냥을 했다. 매사냥 기술은 고대 인도에서 시작되었다고 하며, 중국에서는 원나라 때 유행하였다고 한다. 우리나라에서도 고구려 고분벽화나 『삼국유사』, 『삼국사기』 등에 기록이 남아 있을 정도로 아주 오래되었다. 특히, 고려 매의 사냥 기술이 최고라는 소문 때문에 원나라 황제가 고려의 매를 즐겨 찾았다고 한다. 그래서 고려에서는 원 황제의 마음에 드는 매를 찾아 훈련하는 데 골머리를 앓았다고

● **조선 시대 응방의 맹응도** 경기대박물관 소장.

한다. 만주 지방과 북한 쪽의 해동청은 사냥을 잘해서 중국과 일본에 수출까지 했다.

매사냥은 주로 귀족들이 즐겼으며, 고려 시대에는 '응방'이란 관청을 두어 매의 사육과 매사냥을 담당하게 했다. 응방은 조선 시대

응방 응방은 고려 때 몽골에서 들어온 것으로, 몽골이 조공품으로 요구하는 사냥매를 길러서 몽골에 보내기 위해 설치한 기구다. 조정에서는 응방 경영을 위해 몽골에서 기술자인 응방자를 불러오고, 전국에 매 잡는 일을 독려했다. 그 뒤 몽골에서 매 요구가 잦자 응방을 관리하는 응방 도감을 두기도 했다.

까지 이어졌으며, 매사냥이 일반인들 사이에서도 크게 확산되어 거의 전국에서 행해졌다. 하지만 일제 강점기에는 매사냥을 조선의 고유한 풍습이라 하여 금지했다. 일제로부터 해방되고 나서 잠시 활성화되었지만, 1960년대 이후 본격적으로 공업과 도시 중심의 사회로 바뀌면서 점차 퇴색해 지금은 거의 사라졌다.

오늘날에는 매잡이가 무형 문화재 기능 보유자로 지정되었고, 그를 통해서만 매 조련과 매사냥을 볼 수 있다. 우리나라에서만 그렇게 된 것은 아니다. 2010년, 우리나라가 매사냥을 세계 문화유산으로 등재하려고 할 때 무려 열두 나라가 같이 신청을 했고, 그중 열한 나라(한국, 아랍에미리트, 벨기에, 체코, 프랑스, 모로코, 카타르, 시리아, 사우디아라비아, 에스파냐, 몽골)가 동시에 지정을 받았다. 이로써 매사냥은 인류가 지켜 가야 할 무형 문화유산으로, 그리고 동서양을 아우르는 최초의 문화유산으로 등재되었다.

매잡이와 함께 20세기에 사라진 직업은?

산업 구조의 변화

농업 중심 사회에서 공업과 서비스업 중심 사회로의 전환이 개개인의 삶에 끼친 영향력은 과연 어느 정도일까? 재기도 힘들고 상상하기도 힘들다. 그러나 곽돌에게 그것은 생명을 내놓아야 할 만큼 큰 것이었다.

소설 속에서 곽돌은 매의 값을 지불하지 않고 매를 찾아온 그날 이후 벙어리처럼 말이 없어졌다. 그리고 번개쇠를 굶기더니 장닭을 잡아 먹인 후 날려 보낸다. 곽돌은 식음을 끊고 서 영감네 헛간에서 멀뚱멀뚱 눈을 뜬 채 죽어 간다. 결국 곽돌은 죽고 돌아온 번개쇠의 새 주인이 된 중식은 마을을 떠난다. 곽돌의 죽음으로 이 마을에서는 매잡이 직업이 사라진 셈이다.

직업을 바꾸어 살면 될 텐데 곽돌은 왜 죽음을 선택했을까? 이 질문에는 누구도 대답하기 힘들 것이다. 그래서 이 작품이 어렵게 생각되기도 했다. 그러나 매잡이라는 직업의 특성을 살펴보면 어렴풋이 짐작이 가기도 한다.

사실 매사냥을 위해서는 매를 잡아 길들이는 지난한 과정을 끈기 있게 거쳐야 하고, 매사냥에서는 마을 사람들과 호흡을 딱 맞춰 민첩하게 움직여야 한다. 매잡이는 그 모든 과정을 관장하고 중심이 되어 움직이는 주인공이다. 매잡이는 잠잘 때도 매를 제 배에 올려놓고 잘 만큼 매와 혼연일체가 되어야 하는 존재이고, 오랫동안 숙련을 거친 전문가이다. 게다가 매사냥은 마을 축제와 같은 즐거운 놀이이기도 했다. 매사냥이 끝나면 매잡이는 항상 마을 사람들과 흥겹게 어울리며 대접을 받았다. 하지만 매사냥은 모든 것을 상품화하는 자본주의 시대에는 더 이상 어울리지 않는 풍속이다. 그저 즐거움을 위해 긴 시간 매를 조련하고 서로 어울려 힘을 모으는 일은 살아가기 바쁜 현대 사회에서는 쓸모없는 일이 되어 버렸다.

직업은 생계유지의 수단이긴 하지만 단지 생계 때문에 직업이 의미 있는 것은 아니다. 곽돌에게 매잡이는 단순한 직업이 아니라 삶의 의미 그 자체였을 것이다. 아마도 곽돌은 매잡이가 아닌 자신을 생각할 수조차 없는 진정한 고수였던 것 아닐까? 무엇보다도 자신이 잘할 수 있었던 일, 보람 있게 생각했던 일이 의미 없어진 상황을 그는 견딜 수 없었을 것이다.

20세기를 돌아보면 매잡이처럼 사라진 직업이 많다. 본래 직업도 인간처럼 수명이 있어서 태어나고 사라진다. 예를 들면, 전기수, 전화 교환수, 변사, 기생, 유모, 인력거꾼, 차장, 물장수, 약장수 등은 100여 년 전 이 땅에 등장했거나 그 전부터 존재했지만 지금은 종적을 감춘 직업들이다. 이런 직업을 가진 사람들은 어떻게 살았을까?

조선 시대에는 지금 우리들이 짐작도 하기 힘든 직업들이 있었다. 전기수, 즉 책 읽어 주는 사람도 그중 하나다. 전기수는 소설을 읽고 싶어도 글자를 모르는 사람들을 대상으로 소설을 낭독해 주고 일정한 대가를 받는 직업이었다. 강담사, 강창사라고도 불린 전기수는 사실 책을 보고 읽은 것이 아니라 내용을 통째로 외워서 흥을 돋우며 낭독했다. 전기수는 또 다른 세상을 꿈꾸는 무지한 사람들의 선생님 같은 역할을 했다. 그러나 학교, 도서관 등이 늘어나면서 점점 사라졌다.

전화 교환수는 말 그대로 전화를 연결해 주는 사람이다. 오늘날은 각자 스마트폰이 있고, 번호만 누르면 미국이나 중국에 있는 사람과도 통화할 수 있지만, 옛날에는 전화 교환수가 중간에서 연결을 해 주어야 통화할 수 있었다. 조선에 첫 전화가 개설된 것은

1898년 1월 경운궁으로, 고종이 전화를 걸면 신하들은 큰절을 네 번 하고 난 뒤에야 전화를 받았다고 한다. 전화 교환수는 1920년 이후 등장해 1930년대에는 수천 명에 이르렀고, 대우도 괜찮은 편이었다. 최첨단 직업에 종사한다는 자부심도 있었을 것이다. 월급과 승진 이외에 '늦게 퇴근할 경우 신변 보호'까지 보장받았다. 하지만 여성 전화 교환수들은 짓궂은 남성들의 폭언과 희롱에 시달리는 일이 많았다고 한다.

20세기 초 가장 인기 있는 직종 중 하나는 변사였다. 변사(목소리 배우)는 서울 종로의 극장 우미관과 단성사 등에서 활동했다. 극장마다 주임 변사와 보조 변사가 따로 있고, 스타 변사는 고액의 스카우트 대상이었다. 영화의 감동을 높여 주는 스타 변사의 월급은 일류 배우의 수입보다 많았다고 한다.

한편, 근대 초기에 전차와 버스가 등장하면서 버스 안내인(차장)이란 직업이 생겨났다. 차장은 손님들을 차에 태우고 내리며 차비를 받는 일을 했다. 버스를 처음 본 사람들은 차장이 버스를 공짜로 탄다는 이유로 부러워하기도 했다. 하지만 차장들은 아침부터 저녁까지 달리는 버스에서 승객들에게 시달리며 고달프게 하루를 보냈다.

약 100여 년이란 시간 속에서 다양한 직업이 이미 전설이 되어 역사의 뒤편으로 사라졌다. 현대 사회는 이전보다 훨씬 더 빠르게 변화하고 있다. 우선 정보와 지식의 양이 폭발적으로 증가하고 있다. 요즘은 4~5년마다 정보의 양이 두 배로 증가하는데, 어떤 미래학자들은 2020년이면 73일마다 정보의 양이 두 배씩 증가할 것이고, 2050년이면 현재의 지식 중 1%만이 필요할 것이라고 한다. 한국고용정보원의 자료에 따르면 우리나라에는 759종(2012년 기준)의 직업이 있다. 마치 자연 현상처럼 현대 사회에서의 직업도 생겨나고 사라진다. 이걸 대단하다고 해야 할까? 세상이 빠르게 발전하고 있고 풍요로워지고 있다고 하면 그만일까?

어떤 사람들은 이런 변화에 빨리 적응해야 살아남을 수 있고, 나아가 변화를 주도해야 한다고 말한다. 스티브 잡스처럼 변화를 주도한 사람이 커다란 이익과 가치를 낳았다고 교육하려 한다. 하지만 이런 변화 속에서 우리 곁에는 수많은 '곽돌'이 생겨났다.

그런데 궁금하다. 직업을 잃거나 직장을 잃은 수많은 사람들이 본 피해와 손실은 과연 어디로 가서 누구의 이익이 되었을까? '안내양'이라 불리던 버스 차장을 대신할 자동문이 생기면서 버스 회사 사장은 임금을 줄여 이익을 보았겠지만 떨려 나간 차장은 어디로 가서 어떻게 살았을까? 도시 철도(지하철)에서는 돈을 넣으면 표를 주는 기계가 나오면서, 길 모르는 사람에게 안내도 해 주고 표도 팔던 '표 파는 곳'의 일자리가 크게 줄었다. 기계화와 표준화 속에서 수많은 일을 기계가 대신하게 되고, 그 자리에 있던 노동자들은 어디론가 떠났다. 이것은 사회가 발전하고 경제가 발달하는 과정에서 당연히 일어나는 일일 뿐일까? 일자리를 잃거나 얻지 못하는 것은 변화에 적응하지 못한 노동자의 능력 부족 때문일까? 빠른 변화 속에서 세상의 모든 곽돌은 어떻게 해야 할까?

80일간의 세계 일주

포그는 뭘 믿고 내기를 했을까?

필리어스 포그는 시계처럼 정확한 사람이다. 자신뿐 아니라 하인에게도 그럴 것을 강요했다. 그는 항상 30℃의 물로 면도를 하는데 29℃의 물을 가져온 하인을 해고할 정도였다. 또 다른 하인에게는 반드시 오전 11시 29분부터 일을 시작하도록 했다. 영국인 포그는 기계적인 정확성을 숭배하는 사람인 듯 보인다.

그날도 포그는 똑같은 시간에 576번째 내디딘 왼발이 정문에 닿으며 클럽에 도착했다. 언제나 그는 576번째 왼발이 클럽 문에 닿도록 하기 위해서 같은 보도블록을 딛고, 같은 각도로 몸을 꺾어 방향을 바꿨다. 한편, 그날은 봄베이(뭄바이의 옛 이름)에서 캘커타에 이르는 인도 횡단 철도가 완공되었다는 신문 기사를 읽은 날이자,

5만 5000파운드를 훔친 은행털이의 도주 가능성에 대해 열띤 토론이 벌어진 날이었다.

"행운은 절도범 편일 걸세."

"천만에!" 랠프가 대답했다. "그 작자가 숨어 있을 만한 나라는 어디에도 없어"

"설마, 그럴까!"

"녀석이 어디로 도망갈 수 있을 거라고 생각하는데?"

"거야, 나도 모르지." 앤드루 스튜어트가 말했다. "하지만 세상은 꽤 넓지 않은가."

"전에는 그랬지……." 필리어스 포그가 나지막한 소리로 말했다.

"전에는 그랬다니! 지구가 줄어들기라도 했다는 말인가?"

"아마 그럴걸." 고티에 랠프가 대답했다. "나도 포그 씨와 같은 의견이야. 지구가 줄었지. 백 년 전에 비하면 열 배는 빠르게 지구를 돌 수 있으니까." (……)

"고작해야 80일이라네." 필리어스 포그가 말했다. _26쪽

"맞았어." 존 설리번이 말을 받았다. "로탈에서 알라하바드까지 '인도 반도 철도'가 개설된 뒤로는 그렇게 됐지. '모닝 크로니클'에 계산이 나와 있군. (……)" _27쪽

"80일 이내에 그러니까 1920시간, 아니 115,200분 안으로 세계

일주를 하겠다는 데 2만 파운드를 걸고, 누구하고라도 내기를 하겠네. 다들 받아들이겠나?" _29쪽

포그는 자신의 말을 믿지 못하는 사람들을 상대로 내기를 청했다. 이렇게 해서 포그의 전 재산 중 절반인 2만 파운드를 건 내기가 시작되었다. 80일에서 1초라도 지나면 지는 것이다. 포그는 남은 재산 2만 파운드를 여행 경비로 준비하고, 호기심 많고 친절한 프랑스 출신 하인 파스파르투와 함께 세계 일주에 올랐다. 계획대로라면 유럽을 횡단하여 아시아로, 그리고 태평양을 건너 미국으로, 마지막에는 대서양을 거쳐서 영국으로 돌아올 것이다. 소설에서 포그 일행의 세계 일주는 계획대로 척척 진행되지는 않았다. 하지만 포그는 결국 승자가 된다.

이 소설은 1872년 신문 '르 탕'지에 연재되어 대단한 인기를 누렸다. 그 인기는 지금까지도 이어져 그동안 수차례 영화로 만들어졌으며, 보드 게임이나 컴퓨터 게임으로 제작되기도 했다. 사람들은 쥘 베른을 "프랑스 문학에서 가장 위대한 작가이자, 지리학자"라고 극찬했다. 프랑스의 작가 장 콕토는 쥘 베른 탄생 100주년을 기념해 80일간의 세계 일주를 직접 시도하기도 했을 정도다. 이 소설을 읽고 직접 여행을 떠나 보는 것도 좋지만 그 전에 포그가 자신있게 내기를 걸 수 있었던 지리적 배경을 알아보는 것도 재미있을 듯하다.

포그는 뭘 믿고 전 재산을 건 내기를 했을까?

교통의 혁명 '철도'

존 설리번이 주머니 속에서 오려 둔 신문('모닝 크로니클') 기사를 꺼냈다.

> 런던 → 수에즈 : 기차와 정기 여객선 이용 7일 소요
> 수에즈 → 뭄바이 : 정기 여객선 이용 13일 소요
> 뭄바이 → 캘커타 : 기차 이용 3일 소요
> 캘커타 → 홍콩 : 정기 여객선 이용 13일 소요
> 홍콩 → 요코하마 : 정기 여객선 이용 6일 소요
> 요코하마 → 샌프란시스코 : 정기 여객선 이용 22일 소요
> 샌프란시스코 → 뉴욕 : 기차 이용 7일 소요
> 뉴욕 → 런던 : 정기 여객선과 기차 이용 9일 소요
> 총 80일

"그래, 80일이군!" 앤드루 스튜어트가 소리쳤다. "하지만 악천후, 역풍, 난파, 기차 탈선 등을 계산에 넣은 것은 아니겠지. (……)" _28쪽

여행 중 예기치 못한 일이 생기면 계획이 어긋날 수 있다고 우려한 사람도 있었다. 하지만 포그는 그런 만약의 상황까지 모두 감안했기 때문에 자신 있게 내기를 걸 수 있었다.

소설 『80일간의 세계 일주』의 시대 배경인 1872년은 '철도'라는 놀라운 교통수단이 빠르게 세계를 하나의 마을로 만들어 가던 때였

다. 당시 사람들 중에는 '지구촌'이라는 오늘날의 세상을 예상한 이도 있었을 것이다. 아마 포그도 그런 사람이었을 것이다. 만약 기차가 없었다면 포그가 과연 내기를 했을까? 배나 우마차로 지구를 80일 만에 일주한다는 것은 누가 생각해도 불가능한 일이다. 더욱이 포그는 1초의 오차도 허락하지 않는 치밀한 사람 아닌가? 하지만 포그는 바다는 증기선으로, 인도나 아메리카 대륙은 기차로 횡단할 속셈이어서 별일이 없다면 더 빨리 런던에 돌아올 수 있다고 생각했다.

포그가 짠 세계 일주 경로를 보면 대부분 영국 식민지이거나 식민지였던 곳이다. 당시 영국은 전 대륙에 자기네 영토를 가진 나라였다. 그래서 '해가 지지 않는 나라'로 불렸다. 물론 아무리 영국의 식민지라고 해도 영국에서만큼 영어로 의사소통하는 것이 자유롭지는 않았을 것이다. 그렇더라도 세계 곳곳에 한창 영어가 퍼져 나가던 시절이니만큼 영국인이라는 사실이 포그에게는 또 하나의 유리한 조건이었다. 해외여행을 나서 보면 언어 소통보다 어려운 것이 또 어디 있던가? 언어가 통한다면 여행의 어려움이 크게 줄어들 테고, 이는 포그가 시간을 절약하는 데 기차만큼 큰 역할을 하였을 것이다.

한편, 여행 경로를 보면 포그 일행이 거치는 도시가 10여 개밖에 되지 않는다. '이걸 세계 일주라고 할 수 있나?'라는 의문도 든다. 그래도 140여 년 전이라는 것을 감안하면 세계 일주라고 해도 손색은 없는 듯하다.

기차 여행을 할 수 있게 된 것은 1814년 스티븐슨이 증기 기관

● 증기 기관의 발명으로 산업과 교통에 일대 혁명이 일어났다.

차를 발명하면서부터다. 소나 말이 끌던 우마차 세상에서 오랫동안 빠르게 달려도 지치지 않는 기차는 기적 그 자체였다. 두 줄기의 철길을 한국과 일본에서는 '철도'(鐵道), 중국에서는 '철로'(鐵路), 영국에서는 '레일웨이'(railway) 독일에서는 '아이젠반'(Eisenbahn), 프랑스에서는 '슈맹 드 페르'(chemin de fer)라 불렀다. 1825년 영국이 철도 건설에 나서자 많은 나라들이 그 뒤를 따랐다.

기차는 약점도 많다. 철도를 건설하는 데에는 엄청난 돈이 들고, 철도는 거의 수평을 유지해야 하기 때문에 곧바로 산을 넘기가 어렵다. 또 자동차처럼 아무 때나 "출발!" 하면 바로 출발할 수도, 누가 정차하고 싶다고 해서 아무 곳에서나 설 수도 없다. 하지만 기차는 자동차처럼 교통 체증이 없어서 시간 약속을 잘 지키게 해 준다. 포그처럼 정확한 것을 좋아하는 사람에게 기차의 정시성은 최고의 장점이었을 것이다. 게다가 기차는 한 번에 수백 명을 태울 수 있고, 석탄·시멘트·목재 등 많은 양의 무거운 화물도 운반할 수 있다. 무엇보다도 당시 기차는 지금의 비행기처럼 빠른 운송 수단으로 인식되었다. 이런 기차가 있어 산업 혁명이 인류의 운명을 바꾸는 대변화가 될 수 있었다. 1843년 파리에서 루앙과 오를레앙으로 가는 철길이 열렸을 때, 사람들은 철도 발명을 화약과 인쇄술 이래로 인간 삶의 형태를 획기적으로 바꾼 사건으로 꼽았다.

포그는 철도 교통이 바꾸어 가는 세상을 보며, 이 정도의 운송 수단이라면 80일 안에 충분히 세계 일주를 할 수 있다고 판단했던 것이다.

한편, 모두가 기차를 찬양한 것은 아니었다. 어떤 이들은 "철도에 의하여 공간은 살해당했다."고 탄식했다. 걸어서 가는 여행이나 우마차를 이용하는 여행은 이동하는 도중에도 주변 경치를 감상하는 즐거움이 큰데, 철도 여행은 출발점과 도착점만 기억하게 한다는 것이다. 기차 때문에 시인 김삿갓의 유랑 같은 여행이 사라지고, 더 멀리 갈 수 있게 되었지만 직접 보고 느낄 수 있는 공간은 오히려 줄었다. 그러다 보니 기차로 여행할 때 사람들은 주변 풍경을 즐기기보다는 장시간의 지루함을 이기기 위해 '독서'에 집중하게 되었다. 또 철도를 통해 서로 다른 지역 사이를 수시로 오갈 수 있게 되자 두 지역이 서로 닮아 갔다. 한 지역의 유행이 금방 다른 지역으로 퍼져 나갔다. 각 지역이 가지고 있던 개성(지역성)이 사라지고 기차가 서는 곳에는 많은 이방인들이 모이는 도시가 생겨났다.

포그는 왜 시간을 착각했을까?

세계의 표준시

포그는 1872년 10월 2일 오후 8시 45분에 출발해서 우여곡절 끝에 12월 21일 오후 8시 50분에 런던에 도착했다고 착각했다. 세계일주에는 성공했지만 시간은 약속보다 5분 늦었기 때문에 내기에서는 졌다고 생각한다. 포그는 크게 실망했지만 그것이 착각이었음이 밝혀지고, 결국 내기에서 이겨 2만 파운드를 받는다.

"무슨 일인가?" 포그 씨가 물었다.

"주인님……." 파스파르투가 더듬거렸다. "결혼…… 불가능……."

"내일…… 못 해요."

"왜지?"

"내일…… 일요일이니까요."

"월요일이네." 포그 씨가 대답했다.

"아니…… 오늘은…… 토요일."

"토요일? 말도 안 되는 소리!" _216쪽

파스파르투가 장난스럽게 내일이 일요일이어서 결혼을 못 한다고 말하면서(안식일을 지켜야 하니까) 포그가 날짜를 잘못 알고 있음을 알려 준다. 똑똑하고 정확한 포그가 착각을 한 것은 바로 날짜였다. 태평양을 건널 때 날짜 변경선을 지났는데 그걸 계산에서 놓쳤던 것이다.

동쪽에서 해가 뜨기 때문에 동쪽으로 갈수록 시간은 빨라진다. 예를 들어, 한국은 영국보다 동쪽에 있어서 영국보다 시간이 빠르지만 미국은 영국보다 서쪽에서 있어서 시간이 늦다. 포그는 하루를 거슬러 올라간 것이다. 포그는 동쪽으로 여행을 시작했기 때문에 세계 일주를 하는 동안 정확히 하루를 벌었다. 동쪽으로 가면 경도 1°를 지날 때마다 4분이 줄어들고, 한 바퀴를 돌면 24시간이 줄어드는 셈이다.

지구가 둥근 공이기 때문에 그냥 이렇게만 말하면 헷갈릴 수 있다. 인간은 둥근 지구에다가 경도를 정하고, 경도 180°에 선을 그었다. 그 선은 영국을 기준으로 세계에서 가장 시간이 빠른 선(동경 180°선)이자 가장 느린 선(서경 180°선)이다. 이 선이 태평양을 남북으로 지나는 날짜 변경선이다. 날짜 변경선은 비행기를 타고 올라가 하늘에서 보면 보이지 않지만 '지구의'를 돌려 보면 보인다. 날짜 변경선을 서쪽에서 동쪽으로 넘어가면 하루를 늦추고, 동쪽에서 서쪽으로 넘어가면 하루를 더 하면 된다.

● 현재 그리니치 공원 안에 있는 본초자오선

세계는 왜 이런 표준 시간을 정하고 같이 쓰기 시작했을까? 기차가 없던 시절에 범선이나 말 등을 이용해 천천히 이동하던 사람들은 물레방아 돌아가는 횟수나 해 뜨는 순간으로 시간을 재고 약속을 잡았다. 하루 종일 고작 몇십 km를 이동했던 느림의 세상에서는 나라마다 표준 시간이 다르다고 해도 상관이 없었다. 하지만 기차가 발명되자 문제가 생겼다. 기차가 300km 거리를 통과하는 데 4~5시간밖에 걸리지 않는다면 어느 도시의 시간을 기준으로 해야 할까? 기차를 탄 승객들의 시간을 기준으로 하면 될까? 빠르게 변화된 세상에서 사람들은 혼란스러웠다.

결국 기차 운행을 위해서라도 국제적인 표준 시간이 필요했다. 1880년 이후, 열차 시간표는 국제적인 표준시를 만드는 기준이 되었다. 표준을 정하려면 기준을 정해야 했는데, 당시 가장 막강했던 영국의 입김이 크게 작용했다. 1884년 미국 워싱턴에서 열린 '세계자오선회의'에서 영국 런던의 그리니치 천문대를 지나는 자오선을 '본초 자오선', 즉 경도 0°로 삼기로 하고, 이를 그리니치 표준시(GMT)라고 했다. 당시의 그리니치 천문대는 템스 강이 내려다보이는 런던 교외 언덕 위에 자리해 있었다. 현재 그곳은 그리니치 공원이 되었고, 공원 안에는 여전히 본초 자오선이 표시되어 있다. 그리니치 천문대는 1924년 이후로 여러 번 옮겨지다가 1990년에 문을 닫았다.

시간 계산은 어떻게? 지구는 360°이고 하루는 24시간이니, 경도 15°마다 1시간의 차이가 난다. 그리고 해가 동쪽에서 떠서 서쪽으로 지기 때문에 0°를 기준으로 경도가 15° 동쪽으로 오면 1시간 빨라지고, 서쪽으로 이동하면 1시간 늦어진다. 예를 들어, 중국의 표준시(동경 120°를 기준으로 하는 시간)는 GMT보다 8시간 빠르다. 하지만 미국 로스앤젤레스의 표준시(서경 120°를 기준으로 하는 시간)는 GMT보다 8시간 느리다. GMT는 조수 등의 영향으로 자전 속도가 달라져 시간이 조금씩 부정확해지기 때문에 1967년 국제도량형총회에서 세슘 원자의 진동을 이용해 정확한 시간(UTC)을 재기로 했다. 하지만 UTC보다는 여전히 GMT가 널리 알려져 있다.

차가운 포그가 따뜻한 인간으로 바뀐 이유가 뭘까?

여행의 의미와 가치

포그 씨가 2만 파운드를 벌었다고는 하지만, 여행 경비로 1만 9천 파운드를 썼기 때문에 실제로 벌어들인 돈은 보잘것없었다. 어쨌든 괴상한 신사는 돈 때문이 아니라 도전하기 위해서 내기를 한 거였다. 그래서 벌어들인 천 파운드도 충직한 파스파르투와 불행한 픽스에게 나눠 주었다. 포그 씨는 픽스에게 원한을 갖지 않았던 것이다. 단지 규칙은 규칙이므로 하인이 실수로 1920시간 동안 소비한 가스 요금은 물게 했다. _217쪽

처음 포그의 관심은 오로지 80일 안에 지구를 한 바퀴 도는 것뿐이었다. 여행 중 만나게 될 새로운 땅, 새로운 사람에 대해서는 관심도 없었다. 포그는 어쩌면 자신의 능력을 자랑하고 싶었는지도 모른다. 하지만 포그는 사람들의 우려대로 예상치 못한 일을 겪는다. 포그는 그런 것도 예상해서 계산에 넣었다고 했지만 상황은 생각보다 힘들고 심각했다.

가장 먼저 생긴 예상치 못한 일은 픽스 형사가 포그를 은행 절도범으로 오해한 것이었다. 픽스는 거의 전 구간을 따라다니며 포그의 여행을 훼방 놓는다. 파스파르투에게 대마초를 피우게 해서 요코하마로 가는 배를 놓치게 하는가 하면, 포그를 체포하는 바람에

리버풀에서 런던으로 가는 기차를 놓치게 만든다. 포그를 응원하는 사람이라면 소설을 읽는 내내 픽스 형사가 가장 미웠을 것이다.

픽스 형사 말고도 숱한 난관이 도사리고 있었다. 인도 여행에서의 문제는 인도 횡단 철도가 아직 완공 전이라는 사실이었다. 포그가 본 신문 기사는 잘못된 보도였다. 그래서 포그는 코끼리를 타고 정글을 지나게 되고, 거기서 늙은 추장의 장례에 산 채로 함께 화장을 당하게 된 추장 부인 아우다를 구해 준다.

미국 여행에서는 아메리카 원주민들이 자신들의 땅을 빼앗아 가는 대륙 횡단 철도 건설에 저항하며 기차를 습격해서 파스파르투를 잡아갔다. 포그는 파스파르투를 구했지만, 기차는 놓쳐 버린다. 또 뉴욕에서 리버풀로 가는 배를 놓쳤을 때는 화물선을 통째로 사서는 배의 나무 부분을 뜯어 석탄 대신 때면서 겨우 영국에 도착한다.

근대에 들어서서 오만한 인간들은 GMT와 같이 시간에도 제국주의의 흔적을 새겨 놓았다. 그리고 시, 분, 초로 재고 쪼개며 시간을 통제할 수 있다고 믿게 되었다. 하지만 결국 인간이 시간을 좌우할 수는 없다. 반대로 시간이야말로 인간을 변화시킨다. 80일이라는 여행의 시간은 근대의 전형적인 인간인 포그를 변화시켰다.

계획을 제아무리 치밀하게 세워도 뜻하지 않은 일이 생기는 것이 바로 여행이다. 낯선 곳과 낯선 사람을 만나게 되고, 뜻밖의 일이 벌어지는 법이다. 그런 일들을 경험하다 보면 당황한 그만큼 생각의 폭이 넓어진다. 소설 속 포그 역시 여행을 하며 무엇이 진정 중요한 것인지를 점점 깨달아 간다. 포그에게 아우다는 모르는 여자였고, 파스파르투는 면도 물 온도를 1°C만 잘못 맞춰도 쫓아내 버릴 수 있는 하인일 뿐이었다. 80일 안에 세계 일주를 못 하면 파산할 수 있는 상황에서도 그들을 구해 내느라 포그는 많은 시간을 가슴 졸이며 허비했다.

하지만 포그가 내기에서 이길 수 있었던 것은 역설적이게도 바로 아우다와 파스파르투를 구했기 때문이었다. 포그가 내기에서 졌다며 좌절하고 있을 때 시차로 하루를 벌었다는 사실을 알려 준 사람은 바로 파스파르투였고, "저를 아내로 삼지 않겠어요?"라는 아우다의 고백은 패배했다는 착각으로 좌절한 포그에게 세상에서 가장 큰 위로였다.

여행은 요술을 부린다. 포그에게 예상치 못한 일이 생기게 했고, 포그의 내면에도 뜻밖의 변화가 생기게 했다. 아라비아 속담에 "여행하는 자는 승리한다."라는 말이 있다. 포그가 설령 내기에서 졌다고 가정해 보더라도 그는 여행을 통해 승리보다 더 값진 선물을 받은 셈이 아닐지!

플랜더스의 개

네로는 왜 하루도 쉬지 못했을까?

플랜더스에는 또 한 가지 유명한 것이 있었어요. 바로 플랜더스의 개였지요. 플랜더스에서 태어난 개들은 덩치가 크고 두 귀가 쫑긋했으며, 다리가 튼튼하고 힘이 어찌나 세었던지 무거운 짐수레도 곧잘 끌었어요. 그래서 사람들은 플랜더스 개를 한 마리쯤 기르고 싶어 했지요. 외할아버지와 단둘이 사는 소년 네로도 그런 사람들 중 하나였어요. _11쪽

플랜더스 지방의 어느 마을에는 엄마 아빠 없이 할아버지와 사는 '네로'라는 소년이 있었다. 네로는 할아버지와 함께 매일 마을 사람들이 짠 우유를 거두어 멀리 떨어진 도시에 배달했다. 어느 날 우유

를 배달하고 돌아오는 길에 버려진 개 한 마리를 발견한다. 할아버지와 네로는 쓰러져 있는 개를 집으로 데리고 와 돌봐 준다. 네로는 그 개를 '파트라슈'로 불렀고, 영리한 파트라슈는 우유 수레를 끌어 할아버지와 네로를 도왔다.

네로는 하루 일이 끝나면 교회에 들러 교회 천장에 그려진 루벤스의 〈성모 승천〉을 보곤 했다. 그리고 두꺼운 커텐 뒤에 가려진 루벤스의 또 다른 그림을 보고 싶어 했다. 하지만 돈이 없는 네로는 그 그림을 볼 수 없었다.

● 〈성모 승천〉 루벤스, 1626년

네로는 그림을 잘 그리는 소년이었다. 가난한 네로는 숯으로 그림을 그렸는데, 주로 아로아를 그렸다. 아로아는 같은 마을에 사는 부잣집 딸이자 네로가 좋아하는 여자 친구였다. 그런데 아로아의 아버지는 가난한 고아 네로가 자기 딸과 친하게 지내는 것을 못마땅해했다.

어느 날 네로가 아로아에게 인형을 선물로 줬는데, 하필 그날 아로아네 집에 불이 났다. 아로아 아버지는 네로가 준 인형 때문에 불이 났다며 네로를 몰아붙였다. 그리고 마을 사람들에게는 네로한테 우유를 내주지 말라고 압력을 넣었다. 그 뒤로 우유를 가지러 간 네로에게 마을 사람들은 난처해하며 일을 맡기지 않았다.

늙어서 몸이 쇠약해진 할아버지가 돌아가시고 네로는 파트라슈와 둘이 살게 되었다. 설상가상으로 그림 대회에 출품했던 네로의 그림은 상을 타지 못했고, 집세가 밀린 네로는 집에서 쫓겨나는 신세가 되고 말았다. 네로는 거리에서 전 재산이 든 아로아 아버지의

파트라슈는 어떤 개일까? 파트라슈는 플랑드르 지역에서 목장견으로 많이 길러지던 '부비에 데 플랑드르'라는 개다. 제1차 세계 대전 때는 전령을 전하고 부상병을 찾는 군견으로 쓰이기도 했다. 외모는 투박하지만 영리하고 용감해서 작업견, 경찰견, 목양견, 사냥견 등으로 길러진다. 체력이 좋고, 털은 길고 촘촘하여 추위에 강하다. 털빛은 검은색·회색·얼룩무늬·황갈색 등 다양하며, 뻣뻣한 턱수염이 인상적이다. 꼬리는 윗쪽으로 달렸고, 보통 짧게 잘라 준다.

돈주머니를 주워 돌려준 다음, 파트라슈를 아로아에게 맡기고 떠난다. 그러나 파트라슈는 네로를 따라간다. 네로와 파트라슈는 교회에서 드디어 보고 싶어 하던 루벤스의 그림을 보고 난 뒤 그림 앞에서 추위와 굶주림에 쓰러져 죽는다.

1871년에 발표된 위다의 이 소설을 1975년에 일본 텔레비전에서 애니메이션 영화로 제작하였다. 당시 일본에서 평균 20%를 넘는 시청률을 기록했으며, 슬픈 결말 때문에 어린이들로부터 주인공을 살려 달라는 요청이 밀려들었다고 한다.

우리나라에서도 이 애니메이션 영화는 1980년대에 처음 방영된 뒤 최근까지 케이블 방송 등을 통해 여러 번 재방영되었다. 〈플랜더스의 개〉를 생각하면 여전히 슬픈 감정에 휩싸이는 사람이 많을 것이다. 그러나 잠시 슬픔을 접어 두고 이 작품을 지리적으로 들여다보자. 당시 낙농업의 현실, 그리고 네로가 화가가 되려고 했던 이유를 알면 불쌍한 우유 배달 소년 네로의 삶을 더 잘 이해할 수 있을 것이다.

플랜더스(플랑드르)는 어디일까?

플랑드르의 지역성

유럽의 작은 나라 벨기에의 서쪽에 플랜더스라는 지방이 있습니다. 이곳은 예부터 풍경이 아름답고 교통이 편리할 뿐 아니라, 농업과 모직 공업이 발달해서 사람이 살기에 아주 좋은 곳이었지요. 많은 화가와 음악가들도 이 지방으로 몰려와서 예술의 꽃을 피웠어요. _11쪽

이 이야기는 정작 플랜더스 지방이 걸쳐 있는 벨기에나 네덜란드에서보다는 오히려 일본과 한국에서 만화영화 〈플랜더스의 개〉로 더 잘 알려져 있다고 한다. 영어 '플랜더스'를 일본식으로 읽으면 '프란다스'다. 그래서 만화영화가 나온 1980년대 우리나라 어린이들은 '프란다스의 개'로 기억할 것이다. 프란다스는 네덜란드 말로 '플랑드르'다. 이곳은 유럽 땅이니 플랑드르로 부르는 것이 맞지 않을까 한다.

이 소설은 플랑드르, 구체적으로는 플랑드르 지역의 안트베르펜시(벨기에 서북부에 있는 도시)를 배경으로 하고 있다. 오늘날 플랑드르는 대부분 벨기에 땅이며, 일부가 프랑스 북부와 네덜란드 남부에 걸쳐 있다. 플랑드르 지역은 북해 연안 지대로 평균 해발 고도 50m 이하의 저지대가 많다. 특히 해안 부근은 해수면보다 낮은 간척지(폴더)와 사구(모래 언덕)가 연이은 저지대로 평균 해발 고도 5m도 안 된다. 이 지역은 수 세기에 걸친 토지 개량 사업으로 풍요한 농목지로 바뀌었고, 소와 양을 키우는 목축업이 발달하였다.

플랑드르는 백년 전쟁의 원인이 될 만큼 유럽 역사에서 중요한 땅이기도 했다. 플랑드르가 모직물 공업 지역으로 발달하면서 영국과 프랑스 사이에 플랑드르에 대한 지배권을 두고 알력이 빚어졌

안트베르펜

플랑드르 지방에 위치한 벨기에의 도시로, 수도인 브뤼셀에서 북쪽으로 약 40km 떨어진 곳인 스헬데 강 하구에 있다. 소설 『플랜더스의 개』로 유명한 안트베르펜은 브뤼셀 다음으로 인구가 많은 대도시이자 무역의 중심지로 유럽 4대 무역항의 하나이다.

16세기에 에스파냐와 포르투갈이 해외로 진출하였을 때 유럽 제일의 무역항이 되었다. 당시 유럽 최초의 주식 거래소가 이 도시에 생겼을 정도이다. 이 도시의 주요 산업은 약 500년 이상의 전통을 이어온 세계 최대의 다이아몬드 거래이다. 안트베르펜 시에만 약 1600개의 다이아몬드 매매 업체가 있고, 현재 세계 다이아몬드의 약 60%가 이곳에서 거래되고 있다. 한편 이 도시는 고딕 건축과 르네상스 미술을 자랑한다. 그곳 노트르담 성당에는 123m의 첨탑이 있고, 안트베르펜 성당에는 루벤스의 명작이 있다.

다. 결국 1337년에 시작된 전쟁은 휴전과 전쟁을 되풀이하면서 자그마치 116년을 끌었다. 이 전쟁은 '잔 다르크'라는 걸출한 영웅을 배출하며 프랑스의 승리로 끝났고, 유럽에서 영국의 영향력은 크게 줄었다. 한편 플랑드르는 발트해나 라인 강을 거쳐 영국으로 가는 교통의 요충지로, 유럽의 신대륙 침략 이후에 교역과 상업의 중심지로 더욱 부각되었다. 따라서 긴 역사 속에서 영국, 프랑스, 독일 등은 언제나 플랑드르 지방에 눈독을 들였다.

네로는 왜 하루도 쉬지 못했을까?

낙농업의 특징

할아버지는 매일 아침 마을의 목장을 돌아다니며 빈 우유통을 내려놓고 대신 우유가 가득 든 새 통을 수레에 실었어요. 그러고는 마을에서 한참이나 떨어진 안트베르펜이라는 항구 도시로 가서 우유를 팔았지요. 할아버지의 우유 배달은 1년 내내 쉬는 날이 거의 없었어요. 비가 오거나 눈보라가 몰아치는 날에도 수레만 움직일 수 있다면 일을 하러 갔으니까요. _20쪽

마을에서 만들어 내는 우유를 매일 약 5km 떨어진 안트베르펜 시내까지 운반하는 것이 여든 살 넘은 할아버지가 하는 일이었다. 나중에 네로가 커서는 파트라슈와 함께 그 길을 간다. 그렇게 해서

받은 돈으로 하루 먹을 정도의 빵을 살 수 있었다. 가난하지만 할아버지와 네로는 힘을 합쳐 열심히 살았다. 힘들게 우유를 배달하는 할아버지와 어린 네로의 모습을 떠올리면 가슴이 아프지만, 사람들이 우유를 마셔서 이들이 생계를 유지할 수 있으니 한편으로는 우유가 고맙기도 하다. 그런데 인간들은 언제부터 우유를 마시기 시작했을까?

인간이 가축의 젖을 먹기 시작한 것은 기원전 1만 년~기원전 7000년이라고 한다. 여기서 가축은 양, 염소, 말, 야크, 낙타, 순록, 당나귀 등을 말한다. 치즈를 만드는 과정에서 유청과 커트를 분리할 때 사용했던 흔적이 당시의 그릇 조각에서 발견되었다. 고대 스키타이인(흑해 지방 초원 지대의 유목 민족)은 암말의 항문에 공기를 불어 넣은 후 젖을 짰고, 인도에서는 물소 젖을 힌두교 의식에 사용했으며, 이집트에서는 암소의 모습을 한 여신 이시스에게 우유를 바쳤다는 기록과 신화가 전해 내려오고 있다. 하지만 고대 그리스와 로마, 중국 등에서는 가축의 젖을 먹는 것을 야만으로 치부했다. 가축의 젖은 신선하지 않고 위험했기 때문이다. 특히 도시에서 떨어진 목장에서 생산되는 우유는 높은 신선도를 유지하기 힘들었던 것이다.

19세기에 유럽에서는 우유를 '하얀 독약'이라고 지칭할 만큼 위험한 음료로 여겼다. 젖소에게 양조장 술지게미를 먹여 키우거나, 유통 기간이 지난 우유가 유통됐고, 양심 없는 장사치들이 밀과 분필을 갈아 넣어 만든 가짜 우유와 약품 처리해서 하얗게 만든 표백 우유 등이 판을 쳤기 때문이다. 왜 이런 우유가 당시 유럽에서 유통되었을까?

무엇보다도 그것은 산업 혁명 때문이었다. 산업 혁명 이전에 아기들은 엄마의 젖을 먹고 컸다. 하지만 산업 혁명으로 젖을 먹여야 하는 많은 엄마들이 공장으로 출근을 하게 됐다. 힘든 노동으로 지친 엄마들 중에는 영양 부족으로 젖이 잘 나오지 않는 사람도 있었다. 그 때문에 우유의 소비가 크게 증가하였는데, 우유 소비가 늘면서 도시에 소를 대량으로 사육하는 낙농장과 외양간이 생겼고, 우유 배달망이 만들어졌다.

네로의 하루도 안트베르펜 시 외곽에 있는 낙농장에서 우유를 받아서 시내까지 배달하는 것이었다. 하지만 낙농장이나 외양간은 지나치게 많은 소를 키웠기 때문에 지저분하고 악취가 나는 불결한 곳이었다. 따라서 병든 소가 많았고, 이런 소에게서 짠 젖이 냉장도

돼지 젖은 왜 안 먹을까? 2007년 동물 권리 운동가 헤더 밀스는 "쥐, 개, 고양이의 젖을 대중화하면 소 사육으로 방출되는 온실가스를 줄일 수 있는데 왜 이를 먹지 않는지……."라며 의문을 제기했다. 그러고 보면 정말 돼지 젖은 왜 안 먹을까? 돼지는 자주 새끼를 낳기 때문에 돼지 젖을 인간이 먹는다면 많은 젖을 얻을 수 있을 텐데 말이다. 젖을 짜기 위해 돼지를 매달아 놓은 장면을 그린 19세기의 판화도 있기는 하다. 로마의 정치가 플리니우스도 "돼지 젖이 적리(이질의 하나), 폐결핵, 여성의 건강 등에 좋다."고 추천했지만 돼지 젖은 대중화되지 못했다. 인간의 5대 가축(소, 양, 말, 염소, 돼지) 중 돼지는 젖꼭지가 무려 14개나 된다. 하지만 잡식 동물인 돼지는 불결하다고 여겨졌고, 실제로도 2~5분 젖을 짤 수 있는 다른 동물들에 비해 30초밖에 짤 수가 없다. 기술이 부족해서 많은 젖꼭지는 젖을 짜는 데 오히려 불리했다.

하지 않은 채 저장되거나 비위생적으로 운송되었다. 이런 우유는 아기들에게는 더욱 위험했다. 불량 우유를 먹은 많은 아기들이 질병으로 시달렸고, 심하면 죽기도 했다.

그래서 '질 좋은 우유'는 국민 건강을 위해서뿐 아니라 산업 혁명으로 새로운 세상을 열려고 하는 유럽의 여러 나라들에게 숙제가 되었다. 이후 살균 처리와 냉장 운송 방법 등의 기술이 발전하여 우유는 더럽고 해로운 '하얀 독약'이라는 오명을 벗을 수 있었다.

우유를 냉각하지 않는 한 생우유 상태로는 금방 상한다. 저온 살균한 우유라 해도 보통 10℃ 이하에서 보관할 때 제조 후 3~5일 정도밖에 가지 않는다. 할아버지와 네로가 단 하루도 쉬지 않았던 이유는 물론 가난 때문이었다. 그리고 단 하루도 쉴 수 없었던 또 하나의 이유는 매일매일 생산되는 우유를 가장 신선한 상태로 배달해야 했던 우유 배달원의 운명이었다.

우리나라에 본격적으로 우유가 유통되기 시작한 것은 일제 강점기 때였다. 조선 총독부는 우유 공급에 많은 돈을 투자했다. 우유가 일본인뿐 아니라 식민지 조선인들의 육체를 서양인처럼 만드는 데 필요한 식품이라고 생각했기 때문이다.

네로의 죽음은 루벤스를 능가할 천재 화가의 죽음이 아니었을까?

플랑드르 미술과 화가

"아! 마침내 그림을 보았어."

네로의 무릎이 푹 꺾였습니다.

"정말 굉장한 그림이구나. 아, 하나님 감사합니다. 제 소원을 이루어 주셨습니다. 정말 감사합니다."

네로는 정신없이 소리쳤습니다. 다음 순간, 네로는 온몸의 힘이 빠져 버리는 듯한 현기증을 느꼈습니다. 네로의 몸은 스르르 무너졌습니다. _147쪽

"파트라슈, 잘 봐. 저것이 세계의 보배라는 루벤스의 그림이야. 난 평생 한 번만이라도 저 그림을 보는 것이 소원이었어." _148쪽

짧은 삶을 마감한 네로였지만 화가의 꿈만은 누구보다도 컸다. 생의 마지막 순간까지 루벤스의 그림을 보고 싶어 했고, 루벤스의 그림을 본 것만으로 하나님께 감사 기도를 올리는 것을 봐도 알 수 있다.

네로의 그림에 대한 열정은 어디서 온 것일까? 물론 타고난 것일 수 있다. 하지만 인간은 그 무엇인가로부터 자극을 받은 후 그것이 꿈이 되는 것이 보통이다. 축구의 나라 브라질에서는 수많은 어린

● 〈십자가에서 내려지는 예수〉 루벤스, 1611~1614년

이들이 골목골목에서 꿈을 키우고 있다. 브라질이라는 나라는 축구 때문에 일할 의욕이 생기고, 축구 때문에 싸움이 벌어지기도 한다. 특히, 이 나라에서 가난한 집안의 아이들이 가난을 벗어날 수 있는 거의 유일한 길이 축구라고 한다. 우리가 알고 있는 브라질 축구 선수 중에는 슬럼가 출신이 많다고 한다. 이와 마찬가지로 19세기 플랑드르의 아이들에게 가장 큰 꿈은 무엇이었을까? 플랑드르를 대표하는 인물을 보면 아마 '화가가 아니었을까?'라는 생각이 든다.

'플랑드르 미술'이란 말이 있을 정도로 플랑드르는 화가의 천국이었다. 특히 플랑드르 화가 중 랭부르 3형제는 최고의 화가였다. 그들은 소박하면서도 사실적이고 정밀한 그림으로 훗날 플랑드르 회화의 이정표가 되었다. 14세기, 15세기 미니아튀르(사실적이고 세밀하게 그리는 그림) 화가인 얀 반 브뤼케, 앙드레 본뵈, 장 말루엘 등도 플랑드르 출신이다. 그들은 성서에 들어가는 삽화, 교회 건축물의 제단 위나 뒤에 설치하는 그림(제단화) 등을 그렸다. 그리고 랭부르 형제에 버금가는 형제 화가가 또 있었다. 유화의 창시자로 불리는 반 에이크 형제(후베르트와 얀)다. 이들의 그림은 남방의 이탈리아 회화에 대응하는 북방 플랑드르 미술의 진수로 인정받았다. 이 밖에도 로히르 반 데르 웨이덴, 한스 멤링, 휘고 반 데르 후스, 디르크 보우츠, 히에로니무스 보스 등 각각 특색 있는 화가가 배출되어 활약하였다. 16세기에도 안트베르펜의 화가 퀘틴 마시스를 비롯하여 얀 호사르트(통칭 마뷔즈), '농민 브뤼헐'로 불리는 피터르 브뤼헐 등이 나왔다. 네로에게 영감과 꿈을 준 루벤스는 17세기 화

루벤스

루벤스(1577~1640) 하면 〈성모 승천〉, 〈십자가에서 내려지는 예수〉가 떠오른다. 네로가 그토록 보고 싶어 했던 그림이기도 하다. 루벤스는 플랑드르 지역을 넘어 영국·프랑스·에스파냐 등 유럽의 궁정 화가나 마찬가지였다. 그는 6개 국어를 구사하며, '화가들의 왕자이며, 왕자들의 화가'로 극찬받았다. 그는 다재다능하여 후원자로부터 "그림 그리는 재주는 그의 재능 중에 가장 사소한 것에 불과하다."는 말을 들을 정도였다. 루벤스는 조수들이 그린 작품에 마지막으로 자신의 손길이 닿기만 하면 생기를 찾는다고 확신했고, 그 확신은 사실이 되었다. 도제(徒弟)식 그림 방식으로 하루에 한 점을 완성했고, 그렇게 완성된 작품은 흠잡을 때가 없었다고 한다. 루벤스는 일생 동안 약 2000점의 그림을 남겼다. 그의 화풍은 19세기 인상파에게도 영향을 끼쳤다.

● 안트베르펜 성당 앞에 화가 루벤스의 동상이 서 있다.

가다. 그는 에스파냐의 벨라스케스, 네덜란드의 렘브란트와 함께 17세기의 3대 화가로 불린다. 루벤스는 당시 왕족과 귀족의 호화로운 취미와 현실주의를 가장 잘 표현한 화가이다.

이 소설에서 19세기 플랑드르는 냉정한 자본주의의 얼굴을 보여줬다. 아로아의 아버지는 산업 혁명 당시 돈이면 세상 모든 것이 자기 마음대로 다 된다고 믿고, 따라서 가난한 자를 멸시하는 전형적인 천민 자본가다. 그래서 가난한 네로를 묻지도 따지지도 않고 무시했으며, 마을 사람들에게 불이익을 주겠다며 협박하여 네로가 일자리를 잃게 만들었다.

추위와 배고픔에 지친 네로는 엄마와 함께 다니던 성당에서 루벤스의 그림 〈십자가에서 내려지는 예수〉를 보며 파트라슈와 함께 죽는다. 이런 생각을 해 본다. '홀로된 네로와 같은 아이들을 사회가 품어 주었더라면 오늘날 플랑드르를 빛낸 화가는 더 많았을 텐데…….'

Ⅱ. 문학 속의 도시와 촌락

- 만약 영국에서 지진이 난다면? 아기 돼지 삼 형제
- 시골 쥐는 지금도 행복할까? 시골 쥐와 도시 쥐
- 왜 봄철이면 물싸움이 날까? 사하촌
- 하멜른에는 왜 쥐가 많았을까? 피리 부는 사나이
- 묵적골은 어떤 마을일까? 허생전

서울역

아기 돼지 삼 형제

만약 영국에서 지진이 난다면?

아기 돼지 3형제가 집을 짓고 있다. 엄마 돼지가 3형제에게 집을 나가 독립해서 살라고 했기 때문이다. 첫째 돼지는 지푸라기로, 둘째 돼지는 나뭇가지로 집을 지었다. 막내인 셋째 돼지는 첫째 돼지와 둘째 돼지에 비해 여러 날에 걸쳐 오랜 시간 집을 짓고 있었다. 차곡차곡 벽돌을 쌓아 집을 지으려니 어쩔 수 없었다.

"나는 바람이 불어도, 그리고 무거운 것이 세게 부딪쳐도 끄떡하지 않는 튼튼한 벽돌집을 지을 거야."

벽돌을 다 나른 막내 돼지는 이번에는 시멘트를 개기 시작했어요. _14쪽

막내 돼지가 집을 짓고 있는 곳에 첫째 돼지와 둘째 돼지가 왔습니다.

"언제까지 이렇게 늑장을 부리고 있을래? 이제 곧 해가 져서 늑대가 온단 말이야."

형 돼지들은 막내 돼지에게 겁을 주고는 서둘러 각자의 집으로 돌아갔어요. _16쪽

그러던 어느 날, 마침내 늑대가 나타났다. 대충 지은 첫째 돼지와 둘째 돼지의 집이 늑대의 입김에 날아가 버렸다. 반면, 막내의 벽돌집은 끄떡도 하지 않았다. 첫째 돼지와 둘째 돼지는 막내네 집으로 피신을 했다. 화가 난 늑대는 돼지 형제들을 잡아먹기 위해 온갖 술수를 부렸다. 그러나 늑대의 꼼수는 돼지 형제들에게는 통하지가 않았다. 이에 더 화가 난 늑대는 집 안으로 들어가기로 마음을 먹고 굴뚝으로 들어오다가 그만 물이 펄펄 끓고 있는 솥에 떨어져 털이 쏙 빠진 채 도망갔다.

이 단순한 동화에도 지리가 숨어 있을까? 그렇다. 오늘날과 달리 산업과 기술이 발전하지 못했던 옛날에는 주로 주변에서 쉽게 구할 수 있는 재료를 이용해서 집을 지었다. 따라서 어떤 곳인지 알면 무슨 재료로 집을 짓는지 짐작할 수 있고, 반대로 각 나라의 전통 가옥의 재료와 구조를 보면 그곳의 기후와 지형적 특징 등을 알 수 있다. 이런 지리의 원리를 염두에 두고 다시 「아기 돼지 삼 형제」 이야기를 읽어 보자.

아기 돼지들의 고향은 어떤 곳일까?

영국의 지역성

이 동화는 영국에서 오랫동안 전해 내려오던 이야기를 제임스 헬리웰이 『영국의 아동 동요』를 통해 처음 글로 남겼고, 1890년 조셉 제이콥스가 쓴 동화책 『영국의 옛 이야기』에 실려 세상에 알려지게 되었다.

그러니까 이 동화에는 영국의 지리적 특성이 나타나 있을 거라고 짐작된다. 영국은 대부분의 지역에서 서안 해양성 기후가 나타난다. 영국은 제주도와 마찬가지로 겨울이 그다지 춥지 않다. 물론 바람이 세서 춥다고 느끼는 영국인들도 있지만, 바람이 없고 기온이 높은 날엔 겨울인가 싶을 정도이다. 영국에서 겨울에도 프로 축구 경기(프리미어 리그)를 벌이는 것은 비교적 온난한 겨울 날씨 때문이다. 물론 선수들은 장갑도 끼고 타이즈도 입지만 그래도 축구 경기를 할 만한 정도의 날씨다.

한편, 「아기 돼지 삼 형제」의 배경이 영국이라는 것을 생각해 볼 때 첫째 돼지와 둘째 돼지가 집을 지은 재료가 구체적으로 무엇인지 알 수 있을 듯하다.

늑대는 첫째 돼지의 집 앞에서 문을 두드리며 소리쳤어요. 첫째 돼지는 깜짝 놀라 급히 문을 잠갔어요.

"이 얼간이야! 이렇게 짚으로 만든 집은 한 번만 불면 날아가 버

● 여름이 서늘한 유럽은 밀 농사가 발달했다.

려." 늑대는 집을 향해 바람을 일으켰습니다. _24쪽

첫째 돼지는 짚으로 집을 지었다. 영국은 북위 50°~60°에 위치하여 우리나라보다 북극에 더 가깝지만 편서풍과 북대서양 난류의 영향으로 우리나라보다 겨울이 따뜻하다. 바다를 거쳐 온 편서풍과 남쪽의 멕시코 만에서 온 북서대양 난류가 영국을 감싸기 때문이다.

해양성 기후 육지에 비해 서서히 가열되고 서서히 냉각되는 바다의 특성이 반영된 기후로, 여름과 겨울의 평균 기온 차이가 작은 것이 특징이다.

이런 기후의 특성상 첫째 돼지가 이용한 지푸라기는 아마 밀짚이었을 것이다. 이곳은 여름이

서늘해서 벼농사는 어렵고, 밀 농사를 짓기 때문이다. 밀은 강수량 300~700mm 정도의 비교적 건조한 곳이나 여름 기온이 20℃ 아래로 떨어지는 서늘한 곳에서도 잘 자란다. 만약 영국이 우리나라처럼 여름이 뜨겁고 비가 많이 내렸다면, 첫째 돼지는 밀짚 대신 볏짚으로 집을 지었을 것이다.

첫째 돼지는 허겁지겁 둘째 돼지의 집으로 도망쳤어요.

"이런 나무집에 숨어도 소용없어!"

늑대가 문 앞까지 쫓아와 소리치자 첫째 돼지와 둘째 돼지는 무서워 벌벌 떨었어요. 늑대는 나무집에 몸을 세게 부딪쳤어요.

"쿵!"

나무집은 소리를 내며 부서지기 시작했어요. _26쪽

둘째 돼지는 나무를 엮어서 집을 지었다는데, 과연 어떤 나무였을까? 영국은 온대 기후 지역에 위치하고 있으니 온대림이 발달했을 것이다. 온대림은 침엽수가 즐비한 타이가(냉대림) 지대와 활엽수림을 이루는 열대림 사이에 발달한다. 그래서 나무도 활엽수와 침엽수가 함께 어우러진다. 영국의 숲에는 떡갈나무, 물푸레나무, 너도밤나무, 자작나무 등이 많았다. 둘째 돼지는 이런 나무들로 집을 지었을 것이다. 실제로 예전 영국 사람들은 둘째 돼지처럼 흔히 나무집을 짓고 살았다. 그렇다면 집을 짓느라 숲이 많이 파괴되지는 않았을까?

하지만 영국의 숲은 둘째 돼지처럼 집을 짓거나 생활에 이용하는 것보다 산업 혁명 이후의 산업화와 도시화, 그리고 무엇보다도 증가하는 인구로 인해 더 많이 파괴되었다. 농사지을 땅을 얻기 위해, 공장에서 연료로 쓸 땔감을 얻기 위해, 도시를 건설할 땅을 얻기 위해 숲이 파괴되었다. 숲이 파괴되자 새로운 연료로 석탄이 개발되어 탄광 지대가 발달하였고, 훗날 주요 공업 지역이 된다. 이 밖에도 나무는 산업 혁명 이후 늘어난 운송을 담당할 큰 배를 만들거나 가정에서 쓸 땔감 등으로 지나치게 많이 베어졌다. 이런 일은 영국뿐 아니라 독일이나 프랑스에서도 나타났다.

1950년대 영국은 세계에서 가장 먼저 그린벨트를 지정했다. 그린벨트는 도시의 무분별한 개발을 막는 개발 제한 구역으로 도시 주변에 있는 숲인 경우가 많다. 그린벨트는 역설적으로 당시 영국에서 자연이 얼마나 많이 파괴되었는지를 말해 준다.

만약 영국에서 지진이 난다면?

지푸라기 건축 공법

어릴 때부터 이 동화를 통해 건축 재료를 공부한 우리들은 당연히 지푸라기나 나무보다는 막내 돼지의 벽돌이 단단한 건축 재료라고 여긴다. 그런데 이것은 우리의 편견에 불과할지도 모른다. 생각해 보자. 만약 늑대가 찾아오기 전에 마을에 지진이 났다면 누구네 집이 가장 안전했을까? 미국과 유럽, 호주 등의 친환경 건축가들은 첫째 돼지의 지푸라기 집이 가장 안전하다고 말한다.

정말 벽돌집보다 지푸라기 집이 지진에 더 강할까? 그 비밀은 최근 친환경 생태 주택 건축 기법으로 떠오르는 '지푸라기 건축' 기술에 있다. 지푸라기 건축은 첫째 돼지가 주워 온 지푸라기처럼 밀짚이나 우리나라에서 많이 나는 볏짚으로 집을 짓는 것이다. 먼저 압축기로 짚단을 사각형이나 원형으로 압축하여 덩어리로 만든다. 그리고 그것을 레고처럼 쌓아 집을 짓는다. 지푸라기 집은 지진에도 끄떡없을 만큼 강하다.

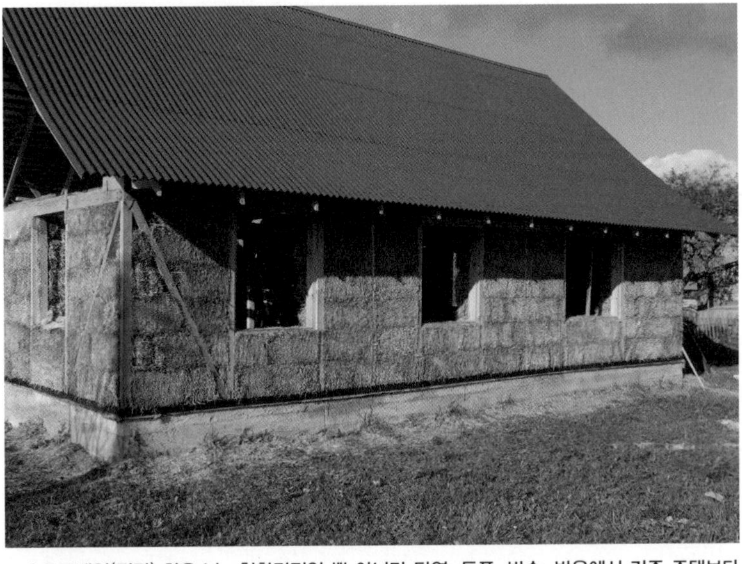

스트로베일(짚단) 하우스는 친환경적일 뿐 아니라 단열, 통풍, 방습, 방음에서 기존 주택보다 훨씬 탁월하다. 충격 흡수도 뛰어나 벽돌집이 무너질 정도의 지진에도 거뜬히 견뎌 낸다.

1994년, 미국의 로스앤젤레스 지진(진도 6.7)으로 70여 명이 죽고 40조 원에 이르는 피해가 발생했다. 그런데 철제 교량과 철근 콘크리트 건물이 무너져 내린 것과 달리 지푸라기 집은 멀쩡했다. 그 이유가 압축 짚이 강하면서도 부드러운 특성을 가지고 있기 때문인 것으로 밝혀졌다.

지푸라기는 나무나 돌에 비해 유연하고 내부에 공기층까지 있어, 외부 충격을 흡수하는 능력이 탁월한 천연 에어백이다. 압축 짚으로 만든 두께 60cm의 벽은 폭 1m당 약 890kg의 중량에도 버티고, 고밀도로 압축할 경우 최대 5950kg까지 버틴다고 한다. 이는 코끼리 1마리와 북극곰 1마리를 함께 들어 올릴 수 있는 힘이다.

현대식 지푸라기 집은 미국 네브래스카 주 샌드힐에서 시작되었다. 마땅한 건축 자재가 없는 이곳에서 주민들은 주변에 널린 압축 볏짚으로 창고를 지었다. 그런데 이 창고 건물들이 수십 년이 지나도 거뜬했다. 이것을 보고 건축가들이 '지푸라기 건축 기법'으로 발전시켰다.

지푸라기 건축 기법은 간단하고 건축 기간도 짧다. 압축 볏짚을 원형이나 사각형으로 쌓은 뒤 지붕을 얹어 2차 압축을 하고 진흙을 발라 외부 미장 공사를 한다. 요즘은 건축 기법도 향상되어서 나무로 건물 뼈대를 세운 뒤 그 사이에 압축 볏짚을 끼워서 짓기도 한다.

사실 지푸라기는 이미 선사 시대부터 인류가 즐겨 이용한 건축 자재이다. 농사를 짓는 곳이라면 어디서나 구하기 쉽고, 묶거나 엮기에 편하니 당연한 일이기도 하다. 하지만 나무, 돌, 쇠, 콘크리트

세계에서 지푸라기 집이 필요한 곳은 어디일까?

영국은 다행히도 지진이 자주 발생하는 곳은 아니다. 지진은 지각의 판과 판 경계부에서 주로 발생하는데, 영국은 그 경계부에 속하지 않기 때문이다. 그러니 막내 돼지의 집이 지진 때문에 위험해질 확률은 그렇게 높지 않다. 하지만 지진이 자주 발생하는 곳에서는 벽돌보다는 지푸라기로 집을 지어야 할 것이다.

지표의 모든 곳은 지진 가능성이 있지만 지진대라고 불리는 곳은 지진 위험이 가장 큰 곳이다. 그곳은 조산대로 환태평양 지진대와 알프스·히말라야 지진대(조산대)로 불리는 곳이다. 환태평양 지진대에서는 전체 지진의 약 80%가 발생한다. 태평양을 둘러싼 고리 모양의 이 지진대는 아메리카 서부의 로키 산맥과 안데스 산맥, 알래스카, 일본, 필리핀을 지나 뉴질랜드까지 이어진다. 알프스·히말라야 지진대는 알프스 산맥과 히말라야 산맥을 지나 인도네시아를 통과한다. 여기서는 전체 지진의 약 15%가 발생한다. 그리고 나머지 지진은 판과 판이 갈라지는 곳을 따라 발생하고 있다.

지푸라기가 지진에 잘 견딘다는 것을 알아낸 만큼 지진이 잦은 지역에서는 지푸라기 집을 지어야 한다. 특히 벽돌만으로 지은 집들은 작은 지진에도 쉽게 무너져 내리기 때문이다. 이란이나 중국에서 지진으로 수만 명이 죽었을 때 벽돌만으로 지은 집에 사는 사람들이 많이 희생되었다. 특히 중국의 쓰촨 대지진 때는 학교 건물 같은 것이 무너져서 많은 어린이들이 사망했는데, 대부분이 철근도 거의 넣지 않고 벽돌만 쌓아 올린 건물들이었다.

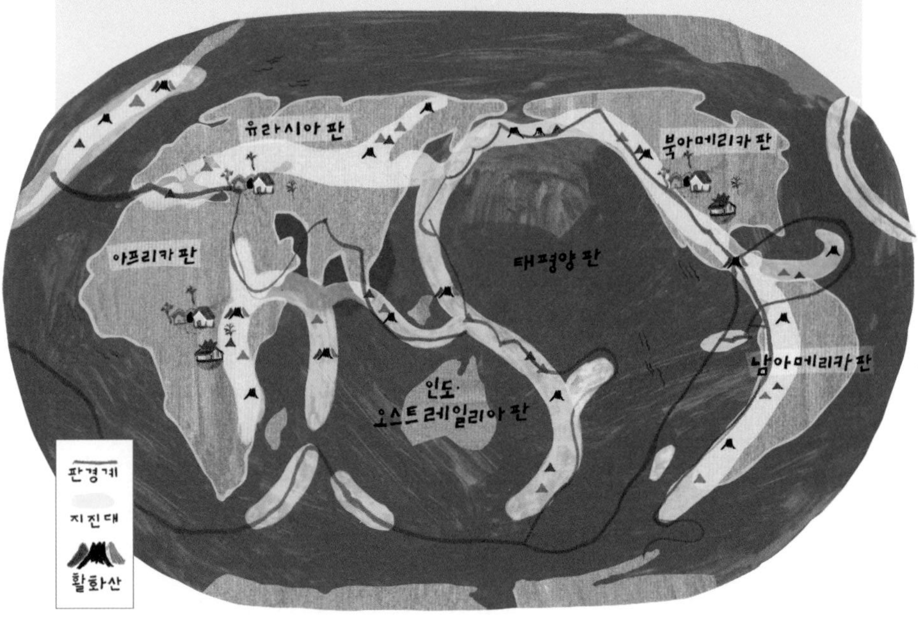

등의 건축 자재에 밀려 지금은 지푸라기가 건축 자재라는 사실조차 모르는 사람들이 많다. 대부분의 나라에서는 지푸라기를 건축 자재가 아니라 가축 사료나 장식품 재료 따위로 쓰고 있다.

세계 곳곳의 사람들은 어떤 집을 지었을까?

세계의 다양한 전통 가옥

첫째 돼지나 둘째 돼지는 주변에서 얻을 수 있는 재료로 집을 지었다. 세계 어디를 가 봐도 보통 주변에서 구할 수 있는 것으로 집을 짓는다. 숲과 호수의 나라 핀란드에서는 통나무집을 짓는다. 통나무집은 향기가 좋고, 습기를 조절하는 능력이 있으며, 집의 수명이 길다. 아라비아 사막의 사우디아라비아나 아프리카 사하라 사막을 끼고 있는 모로코 같은 나라에서는 흙집을 짓는다. 사막은 뜨겁고 건조한 곳으로 낮과 밤의 기온 차가 큰 것이 특징이다. 이곳은 나무 구하기가 어려워 흙으로 집을 짓는다. 일교차가 크고 모래바람이 불기 때문에 벽은 두껍게 하고, 창은 작게 만들며, 집과 집 사이를 좁혀서 그늘이 지게 한다.

초원의 나라 몽골은 유목민답게 이동식 텐트 게르를 치고 살았다. 몽골은 넓은 초원과 사막의 나라로 경작지는 전 국토의 1%밖에 안 된다. 게르는 나뭇가지로 원통형의 벽과 지붕 뼈대를 만들고 펠트로 덮은 후 밧줄을 친다. 게르는 조립하기 쉽고 이동하기에 편리

● 모로코의 흙집

핀란드의 통나무집

● 몽골 초원의 게르

한 것이 장점이다. 열대의 나라 말레이시아와 인도네시아는 단단한 나무로 집 뼈대를 세운 다음, 바나나 잎으로 벽과 지붕을 얹는다. 열대는 연중 뜨겁고 비가 많아서 뜨거운 지면에서 바닥을 높이 띄우고, 큰 창문을 많이 내며, 사방이 탁 트이게 집을 짓는다.

또한 열대의 깊은 숲에 사는 사람들은 높은 나무 위에 집을 짓고, 강이나 호수에 사는 사람들은 물 위에 집을 짓는다. 얼음의 땅 알래스카에서는 얼음집인 이글루를 만든다. 이글루는 이누이트족이 사냥을 나가거나 이동할 때 쓰는 임시 가옥이다. 반구 모양이며 해가 길게 드는 남쪽에 출입구를 낸다. 내부에는 작은 가지로 엮은 깔개를 깔고 그 위에 동물 가죽을 깔아서 온도를 유지한다. 온대 기후의 지중해 지역에서는 하얀색의 집을 볼 수 있다. 이곳은 여름이 덥고 건조해서 벽은 높고 두껍게 만들고, 창은 작게 내며, 집 간격은 좁게 한다. 또 따가운 햇볕 때문에 하얀색이나 밝은색으로 벽을 칠한다.

우리나라의 평야 지역에서는 흙과 볏짚을 이용해 초가집을 지었다. 흙벽은 겨울에 따뜻하고 여름에 시원한 장점이 있다. 산간 지역에서는 참나무 껍질로 지붕을 이은 굴피집이나 소나무를 널판으로 잘라 이은 너와집을 지었다. 한편, 양반들은 기와집을 짓고 살았다.

막내 돼지의 벽돌집도 영국의 전통 가옥이다. 벽돌집은 영국인의 자존심이라고 할 만큼 영국에는 벽돌 건물이 많다. 특히 런던에서는 벽돌집을 장려할 수밖에 없는 역사가 있다. 불을 발견한 이래 인류는 불 가까이나 불을 둘러싸고 집을 지었다. 불이 있는 화덕은 집의 중심이었다. 하지만 화덕은 화재와 어린이 화상의 주범이기도 했다. 1666년 런던 대화재는 빵집의 화덕에서 시작된 불이 시내로 번져 거의 모든 것을 다 태웠다. 5일 동안 자그마치 87채의 교회, 1만 3000채의 집이 불탔다. 당시 인구 8만 명 중 7만여 명이 집을 잃고 노숙자가 되었고, 9명이 사망했다. 이후 런던에서는 화재에 강한 벽돌집을 짓고 석탄 난로를 설치한 집이 많아졌다고 한다.

시골 쥐와 도시 쥐

시골 쥐는 지금도 행복할까?

시골에 놀러온 도시 쥐가 시골 쥐에게 도시 자랑을 늘어놓는다. 시골은 먹을 것도 별로 없고 입고 노는 것도 초라하지만, 도시에서는 잘 먹고 멋지게 놀며 산다고 말한다. 그러면서 시골 쥐를 도시로 초대한다. 도시의 삶이 부러워진 시골 쥐는 도시로 떠난다.

시골 쥐는 친구를 따라서 도시로 갔습니다.
"우와! 너희 집은 크고 훌륭하구나!"
"넌 지금 배가 고플 테니까, 맛있는 음식을 먹으러 가자." (……)
"난 이렇게 맛있고 좋은 음식은 처음 먹어 봐."
시골 쥐는 정신없이 음식을 먹었습니다.

그때 식당 문으로 큰 개가 뛰어 들어왔습니다.

"이 나쁜 쥐들아! 나가지 못해! 멍멍……."

도시 쥐와 시골 쥐는 소스라치게 놀라 도망쳤습니다. _5~6쪽

멋진 도시의 꿈에 빠져 있던 시골 쥐는 이 밖에도 더 많은 위험을 경험했을 것 같다. 도로를 건너려다 차바퀴에 깔려 죽을 뻔하기도 했을 것이고, 온통 아스팔트와 콘크리트로 뒤덮인 도시에서는 땅을 파고 들어가 안전하게 쉬거나 잠들 만한 곳도 찾기 힘들었을 것이다. 또 건물은 많아도 시골 쥐를 반겨 주는 데는 아무 곳도 없었을 테고, 밤마다 골목에는 도둑고양이들이 쓰레기통을 뒤지거나 먹을 것을 찾아 어슬렁거려서 길을 나설 때면 바짝 긴장하지 않을 수가 없었을 것이다. 도시는 풍요롭지만 시골 쥐가 살아가기에는 위험하고 불편한 곳이었다.

이 동화는 도시 쥐의 허영에 찬 삶을 비판하고, 시골 쥐를 통해 진정 도시가 어떤 곳이며, 인생에 무엇이 중요한지를 우리에게 일깨워 준다. 『이솝 우화』 속 이 이야기가 언제 우리나라에 처음 소개되었는지 알 수 없지만 지금도 많은 동화책에 실려 읽히고 있다.

도시와 시골은 지리학의 핵심 주제이다. 지금도 지리 교과서의 주요 주제 중 하나가 도시와 촌락이며, 대학 수학 능력 시험에도 빠지지 않고 나오는 부분이다. 촌락은 시골 마을을 한자로 표현한 말이다. 오늘날 우리나라 인구의 약 90% 이상이 도시에서 살고 있다.

그런가 하면 시골은 북적거리던 옛날과 달리 허전한 공간으로 남아 있다. 사람들은 왜 시골을 떠나 도시로 갔을까? 떠난 이들은 시골 쥐처럼 다시 시골로 돌아올까?

왜 농촌을 떠났을까?

이촌향도

시골 쥐는 도시 쥐를 부러워했고, 결국 자기가 살던 시골을 떠나 도시로 갔다. 인간에게도 아주 많은 사람들이 시골을 떠나 도시로 향해 간 이촌향도의 역사가 있다.

도시의 역사는 이솝이 태어나기 전부터 시작되었다. 도시는 많은 사람들이 집중적으로 모여 있는 곳으로 정치와 경제의 중심지다. 고대 도시는 왕궁이 있는 수도나 시장이 발달한 곳이었다. 이솝이 살던 기원전 6세기 무렵이라면 고대 그리스 지역에서는 아테네나 테베, 코린토스 같은 곳이 해당된다. 그러나 구전하던 이야기들이 이솝이 죽은 뒤에 『이솝 우화』에 포함되기도 했으므로 사실상 「시골 쥐와 도시 쥐」가 어느 시대의 이야기인지는 정확하게 알 수가 없다. 어쨌든 이촌향도의 역사는 산업 혁명 이전에도 있었다. 그러다 산업 혁명 이후에 급속한 산업화에 따라 대규모로 이촌향도 현상이 나타났는데, 이때부터는 도시가 단순한 중심지나 번영한 곳이라는 생각을 넘어서 범죄, 오염, 파괴 등 위험이 도사린 곳이라는 이미지를 새졌다.

우리나라를 포함해 서부 유럽, 일본 등 여러 선진국에서는 이촌향도의 역사가 추억이 되었지만 중국, 인도 등 개발 도상국에서는 지금도 큰 규모의 이촌향도가 진행 중이다. 2006년 인도의 수도 뉴델리에서는 그해 태어난 인구보다 시골에서 온 인구가 더 많았다고 한다.

그런데 정말 도시가 좋아서 많은 사람들이 친구와 가족이 있는 고향 시골을 버렸을까? 이촌향도의 원인이 오로지 풍요롭고 멋진 도시 이미지 때문일까? 산업 혁명의 발상지인 영국을 보면 꼭 그런 것 같지는 않다. 영국에서는 인클로저가 일어났다. 인클로저는 땅에 담장을 쌓는 것으로, 이는 토지의 소유권을 나타내기 위한 것이었다. 울타리가 쳐진 땅은 농민 모두의 토지(공유지)에서 주인의 허락 없이는 이용할 수 없는 영주 개인의 토지로 바뀌었다. 인클로저는 역사적으로 두 차례 진행됐다. 산업 혁명 전인 15~16세기에는 양을 기르기 위해, 산업 혁명 이후인 18~19세기에는 농작물을 생산하기 위해 공유지에 담을 쌓았다. 이것은 당시 양모와 식량 가격이 높아졌기 때문이기도 했다. 하지만 양을 키우거나 농사를 지을 땅을 잃은 농민들이 생겨났고, 살기가 막막해진 그들은 도시로 떠나갈 수밖에 없었다.

시대는 다르지만 우리나라의 이촌향도 역시 영국과 비슷한 면이 있다. 우리나라는 1960년대 말부터 1980년대 초까지 이촌향도가 절정을 이루었다. 1960년대 초에는 시골 사람들의 소득이 도시 사람들보다 높았다. 그때는 도시로의 인구 이동이 그렇게 많지 않았다. 하지만 1965년을 기점으로 세상이 바뀌었다. 도시 사람들의 소득이 느는 속도에 비해 상대적으로 시골 사람들의 소득은 제자리를 맴돌거나 뒷걸음질 쳤다. 1970년에서 1980년 사이에 시골에서 가구당 소득은 26만 원에서 270만 원으로 10.5배 늘었다. 하지만 그 기간 동안 시골의 가구당 빚은 1만 6000원에서 34만 원으로 21배 늘었다고 한다.

당시 우리나라는 빠르게 발전하고 있었지만 농산물의 가격이 지나치게 낮아 시골은 더욱 살기 힘들게 바뀌고 있었다. 어쩔 수 없이 시골을 떠나 도시로 가는 젊은이들이 해마다 늘었다. 1960년대 초까지만 해도 연간 19만 명에서 1960년대 말엔 연간 50만 명 수준이었다. 당시 서울에 도착한 많은 사람들의 기억에 가장 깊이 새겨진 것은 무엇일까? 그건 멋진 서양식 건물인, 그래서 더욱 도시적

● 고향을 떠나 서울로 온 사람들이 처음으로 만난
도시의 얼굴, 옛 서울역

으로 보였던 서울역이라고 한다.

시골은 농업, 어업, 목축업 등 1차 산업이 발달한 곳이다. 1차 산업이란 '자연으로부터 원재료를 채취하고 생산하는 산업'을 말한다. 쌀·옥수수·보리 등 여러 작물을 재배하는 일, 고등어·멸치·조개 등을 잡는 일, 방목해서 소와 양을 키우는 일 말이다. 하지만 시골 일은 추운 겨울이면 하기 어려운 것이 많고, 비가 지나치게 많이 오거나 심하게 가물어도, 그리고 태풍이 와도 생산량이 뚝 떨어진다. 대부분의 농산물이나 해산물은 생산 조건이 까다로워서 충분한 햇볕과 적당한 비, 잔잔한 바다 같은 자연조건이 잘 따라 주어야 한다.

반면, 도시는 자연으로부터 얻은 재료를 공장에서 가공하여 물건을 만들어 내는 2차 산업과 서비스 같은 3차 산업이 발달한 곳이다. 도시 일은 늦은 밤이나 한겨울에도 할 수 있는 것이 대부분이다. 그래서 도시인들은 1년 내내 스케줄이 크게 바뀌지 않고 늘 비슷한 생산량을 유지할 수 있다.

그런데 여기서 세상 물건의 가격이 정당한지를 따져 보고 싶다. 농산물보다 공산품이 비싼 게 당연하다고 생각하는데, 정말 그런지 말이다. 농산물이 공산품보다 높은 가격을 받는 세상이 오고 스타벅스에서 파는 커피 한 잔의 가격 중 절반이 아프리카 농부에게 돌아간다고 해도 세계 곳곳에서 이촌향도가 계속될까?

시골 쥐는 지금도 행복할까?

농업 시장 개방에 따른 농촌의 변화

"난 시골로 돌아갈래."

"이렇게 좋은 음식을 놓아두고 왜 시골로 가니?"

도시 쥐는 시골 쥐가 이상하다는 듯이 말했습니다.

"맛있고 좋은 음식도 좋지만 도시에서는 무서워서 못 살겠어. 콩을 까먹고 보리를 먹어도 마음 편하게 먹고 자유롭게 사는 것이 나는 좋아."

시골 쥐는 다시 시골로 돌아갔습니다. _8쪽

시골 쥐는 결국 시골로 돌아가서 행복하게 산다. 이런 동화의 영향 때문인지 몰라도 도시에서 태어난 사람들은 시골 하면 떠오르는 풍경이 있다. 한적한 시골길, 새소리 울리는 고요한 숲, 곡식이 익어 가는 누런 들판……. 모두 평화롭고 풍요로운 풍경이다. 옛날 자급적인 농사를 짓던 시골은 도시처럼 대단한 부자들이 사는 곳은 아니었지만 곡식처럼 정이 익어 가는 곳이었다. 남아도는 것은 크게 없어도 먹고사는 것 정도는 해결되는 곳이었다.

하지만 오늘날 시골은 대부분 내다 파는 것이 목적인 상업적 농사를 짓는다. 이윤을 목적으로 농사를 지으며 시골은 더 풍요로워진 것 같은데, 왜 우리나라 농촌에 가면 '죽겠다!'는 아우성뿐일까?

우선 시골에는 일손이 턱없이 부족하다. 기계화를 통해 벼농사는 그런대로 버티고 있지만 고추, 콩, 마늘처럼 100% 기계화가 어려운 밭농사는 노인들의 일거리가 되었다. 그러다 보니 품삯을 주고 사람을 써서 농사를 짓는다. 40세 이하의 인구가 10%도 되지 않고, 60세 이상의 인구가 60%를 넘는 곳이 우리나라 시골이다.

게다가 농업 시장 개방 이후 세계화 바람이 거세게 농촌에 불고 있다. '우리 것이 좋은 것이여!', '신토불이' 이런 말들로 농산물을 홍보해야 한다는 것 자체가 우리 농촌의 위기를 대변하는 듯하다.

1995년 우루과이라운드(UR) 협상으로 농업 시장이 본격적으로 개방되었다. 당시 우리나라 농가 소득은 평균 1046만 원으로, 이는 도시 근로자 평균 소득의 95% 정도였다. 하지만 2010년에는 1009만 원으로 도시 근로자 평균 소득의 약 66%로 낮아졌다. 단순히 금액만 보아도 그렇지만 실제 돈의 가치가 떨어진 것을 감안하여 따져 보면 농촌은 더욱 살기 힘든 곳으로 변했다는 말이 된다. 그럼 어촌은 상황이 어떨까? 어촌은 어족 자원 감소, 유가 상승, 외국 수산물 수입 등으로 소득 수준이 농촌에도 못 미친다.

그동안 칠레, 미국, 유럽 연합(EU) 등과 꾸준히 자유무역협정(FTA)을 체결하면서 농촌은 더욱 살기 힘든 곳이 되었다. 그런데 이게 다가 아니다. 최근 협상 중인 한국과 중국 간 FTA는 우리의 시골을 더욱 힘들게 할 것이라고 한다. 농업 시장 개방으로 그동안은 주로 축산물과 일부 과일류에 피해가 갔지만, 우리나라와 가까운 거리에 있으면서 엄청난 생산량을 자랑하는 값싼 중국 농산물이 들어오면 우리 농업은 생존 자체가 어려울 수도 있다는 것이다.

현재 우리나라 농촌은 15년 전에 비해 도시와의 격차가 더욱 커지고 부채가 세 배 늘었다. 우리가 먹는 곡물의 74%가 수입 농산물이다. 우리나라의 곡물 자급률이 26%에 불과한 셈이다. 우리나라 전체 농가 인구는 이제 300만 명도 안 된다. 이런 시골이라면 시골 쥐가 다시 도시로 가야겠다고 짐을 싸지 않을까?

시골 쥐가 행복해져야 한다

농촌과 농업의 가치

도시화를 경험한 대부분의 나라에서 이촌향도 현상이 나타났다. 농업은 과거에 비해 설 자리를 많이 잃었고, 이것은 마치 자연적인 현상처럼 여겨지고 있다. 하지만 산업화를 거친 모든 나라가 농업을 버린 것은 아니다. 미국은 세계 최첨단 공업국이지만 세계 최고의 농산물 수출국이기도 하다. 프랑스 역시 유럽 최대의 밀 수출국이다. 특히 네덜란드, 뉴질랜드, 덴마크 같은 선진국들에서는 농업이 국가를 지탱하는 주요 산업 중 하나다.

이런 것을 보면 우리는 농촌을 너무 쉽게 버렸다는 생각이 든다. 국민 총생산의 2%밖에 되지 않는 농업은 더 이상 의미가 없는 것일까? 과연 우리나라는 핸드폰, 자동차, 선박만 잘 만들어서 많이 팔면 되는 걸까?

“자기 밥상까지 남에게 의존하는 나라는 선진국이 될 수 없다. 후

진국이 공업화를 통해 중진국으로 도약할 순 있지만 농업과 농촌의 발전 없이는 선진국이 될 수 없다." 노벨 경제학상을 받은 사이먼 박사의 말이다. 흔히 농업을 먹을거리를 생산하는 단순 산업으로만 아는데, 농업은 국가를 지키는 안보의 기본이 되는 생명 산업이다. 안전한 먹을거리가 충분히 제공되지 않는다면 우리의 행복과 복지는 기대할 수 없다. 또한 국가 자체도 안전할 수 없다. 미국과 중국에서 값싼 농산물이 들어와 우리 농촌이 더욱 피폐해진 뒤에 수출국에서 농산물의 가격을 훨씬 높게 올려 버린다면 그땐 어떻게 할 것인가?

하지만 값싼 수입 농산물이 우리의 식탁을 하나둘씩 채워 가는 동안 우리의 시골은 먹고살기 힘든 땅으로 변해 가고 있다. 농업인들은 부족한 생활비를 벌기 위해 식당이나 공사장의 일일 근로자로 일해야 하는 실정이다.

"11월 11일이 무슨 날일까?"라고 학생들에게 물어보면, 한목소리로 "빼빼로 데이!"라고 외친다. 과자를 만들어 파는 기업의 상술이 성공한 것으로 볼 수도 있지만 그만큼 우리는 중요한 것을 잊고, 또 잃어 가고 있는 것 같아 씁쓸하다. 11월 11일은 농업인의 날이다. 한자 11(十一)을 합치면 흙 토(土)가 되기 때문이다. 농업인들의 긍지와 자부심을 높이고 농업의 중요성을 알리기 위해 1996년에 정했다. 나무는 뿌리가 시들면 죽듯이, 도시의 뿌리는 시골이다. 도시 사람들은 원래 시골에서 온 사람들이고, 시골에서 나는 자원으로 물건을 만드는 곳이 도시라는 사실을 잊지 말자.

사하촌

왜 봄철이면 물싸움이 날까?

보광사 절 아래 성동리에는 절 땅을 경작하며 사는 사람들이 모여 살았다. 마을 사람들 중에는 치삼 노인처럼 자기 땅을 부처님께 바치고 절의 소작인이 되어 사는 이도 있었다. 치삼 노인은 젊었을 때 '땅을 부처님께 바치면 자손이 복 받고 극락 갈 것'이라는 중의 꾐에 넘어가 논을 전부 보광사에 기부하였다. 보광사는 오랜 역사를 지닌 큰 절이지만 여기 중들은 마을 주민들을 노비처럼 부려 먹는 악덕 지주가 되어 있었다.

성동리에 가뭄이 오래 계속되었다. 주민들은 거북 등처럼 갈라지는 논바닥과 함께 애가 타 들어갔고, 보광사에서는 비 오기를 바라는 기우제까지 지냈으나 헛일이었다. 오히려 기우제 때 마을 사람들을 오라고 하니 절의 소작인 신분에 안 갈 수도 없고, 마을 사람들은 시주금을 마련하느라 더 힘들었다. 급기야는 오랜 가뭄과 가난으로 학비를 내지 못하는 아이들이 집으로 쫓겨 오는 일까지 벌어졌다. 주민들은 아우성을 치고, 군청에서 가뭄 조사를 해 갔지만 별 조치도 없었다. 가을이 되자 절에서 간평(看坪, 지주가 농작물이 잘되고 못됨을 살펴보는 일)을 나왔다. 수확하기 전에 미리 작황을 조사하여 소작료를 매기기 위해서였다.

간평! 소작료! 농민들에게는 이 말이 무엇보다 무섭고 또 분했다. (……)

"제에기, 간평을 나온 겐가, 술을 먹으러 나온 겐가? 아무 작정을 모르겠군." (……)

"글쎄 말야, 이것들이 또 논을랑 둘러보지도 않고 앉아서만 소작료를 정할 것 아닌가?" _240~241쪽

주민들의 삶은 아랑곳없이 간평인들은 마을에서 준비한 술에 취해 알아듣지도 못할 일본 말을 주절거리다가 떠났다. 그리고 며칠 후 주민들에게 무거운 소작료가 부과되었다. 술 취한 간평인들이 논을 대충 훑어보고는 가서 한 짓이다. 먹을 것이 없어서 안 그래도 민심이 흉흉하던 차에 성동리 사람들은 이런 보광사의 행태에 분노했다.

성동리 주민들은 소작료를 줄여 주고, 보광사에서 빌려 쓴 농사

자금 갚을 날을 연기해 달라고 하소연을 했다. 하지만 야멸찬 중들은 이를 거절하고 '입도 차압'이란 표를 논에 붙였다. 입도(立稻)란 논에 서 있는 벼를 뜻한다. 그러니까 입도 차압은 수확하기 전에 벼를 빚 대신 점유하는 것을 말한다. 힘들여 농사 지은 벼를 손도 못 대 보고 빼앗길 지경에 놓인 사람들은 차압 취소와 소작료 면세를 요구하러 절이라도 태울 기세로 보광사로 간다.

1936년에 나온 김정한의 소설 「사하촌」은 친일 세력과 일제 앞잡이 중들로 이루어진 지주들에게 고통을 당하면서 사는 소작인들의 이야기이다. '사하촌'은 소설 제목이기 전에 촌락의 한 형태다. 사하촌(寺下村)은 '절 아래 마을'이란 뜻으로 소설에서는 보광사 아래에서 보광사 소유의 땅을 경작하며 사는 마을, 성동리를 가리킨다. 촌(村)은 마을을 뜻하는데 우리나라는 여러 이유로, 또 여러 형태의 촌이 발달하였다. 물론, 오늘날에는 그 모습을 간직한 곳이 많이 사라지고 있다.

요즘은 도시 계획에 따라 여러 마을이 만들어지지만 옛날에는 거의 자연 발생적으로 생겨났다. 그래서 사하촌과 같은 전통 촌락은 더 지리적이고 더 진솔한 사연을 담고 있다. 이 소설에서 절이 땅을 소유하고 그 지역 주민들이 소작농으로 전락한 까닭, 또 농민들이 논에 물을 대기 위해 치열하게 싸울 수밖에 없었던 이유 등을 지리의 눈과 귀로 찾아보자.

보광사는 어떤 절일까?

천여 년의 역사를 가지고 무려 백여 명의 노소승이 우글거리는 선찰 대본산 보광사에는 벌써 백중 불공차 이곳저곳에서 모여든 여인들이 들끓었다. 오색 단청이 찬란한 대웅전을 비롯하여 풍경 소리 그윽한 명부전, 팔상전, 오백나한전……. 부처 모신 방마다 웬만한 따위는 발도 잘 못 들여놓을 만큼 사람들이 꽉꽉 들어찼다. _227쪽

보광사 소작인들은 해마다 소작료와 또 소작료 매석에 대해서 넉되씩이나 되는 조합비와 비료 대금과 그것에 따른 이자를 바쳐야만 되었다. 그리고 비료 대금은 갚는 기한이 해마다 호세와 같았다. _247쪽

백중 음력 칠월 보름. 불교의 큰 명절 가운데 하나.

호세 예전에 살림살이를 하는 집을 표준으로 하여 집집마다 징수하던 지방세로, 호별세라고도 한다.

소설 속 보광사가 실제 어느 절인지 명확히 알 수는 없다. 단, 보광사는 위 인용문이 묘사한 대로 규모가 큰 데다 논을 부치는 소작인들을 관리하는 농사 조합을 둘 정도로 상당한 재산을 가진 절로 보인다. 그럼 보광사처럼 일제 강점기 당시 상당한 재산과 권력을 가지고 소작민을 부렸던 절이 실제로 있었을까?

일제 강점기에는 보광사처럼 일제 앞잡이 노릇을 해 주며 권력을 누리던 특권 계급의 절이 많았다고 한다. 큰 절 중에는 소작인이

1000명을 넘는 절도 있었단다. 절이 하나의 기업과 같았는데, 그도 그럴 것이 절이 산에 있는 땅(임야)의 소유권을 갖게 된 것이 일제 강점기 때다. 조선 시대에는 임야에 대한 소유 개념이 없었다. 『경국대전』에는 "산림을 개인이 점유하면 볼기 80대를 때린다."고 적혀 있다. 다만 누구든지 주인 없는 임야에서 가축 방목, 연료 채취, 토석 채취, 수렵 채집을 할 권리는 인정되었다. 그런데 1926년, 임야 조사 후 일제는 '조선특별연고삼림양여령'을 제정해 산에 있던 절에도 임야를 공짜로 줬다.

이 소설의 작가 김정한은 부산의 범어사 아래에서 태어났다. 그 역시 사하촌에서 산 것이다. 이 때문에 소설 「사하촌」이 세상에 나온 1936년 범어사에서는 '자신들을 일제 앞잡이로 몰았다', '범어사를 모델로 「사하촌」을 썼다', '「사하촌」은 반종교 선동 소설'이다' 하면서 난리를 피웠다고 한다. 그러나 아이러니하게도 오늘날 범어사에는 김정한을 기념하는 요산 문학비가 세워져 있다.

소설에 나오는 보광사라는 절 이름은 경남 남해에 위치한 지금의 용문사에서 비롯됐다고 한다. 용문사의 옛 이름이 바로 '보광사'였단다. 작가가 교사를 하며 남해에 머물 때 쓴 소설이라 그곳의 절 이름이 등장하게 된 듯하다. 그렇지만 작가가 용문사를 고발하기 위해 소설을 쓴 것은 아니었다. 소설 「사하촌」에서 벌어진 일들은 당시 한반도에 있던 여러 사하촌의 자화상이었다.

보광사 같은 절들은 땅을 가진 지주로 농민들을 심하게 착취했으며, 절에는 '천황 폐하 성수 만세'라고 적힌 깃발과 등을 걸어 놓았다고 한다. 당시 절들의 친일 행위가 극에 달했음을 짐작할 수 있다. 친일 승려들의 행태는 이 정도로 끝이 아니었다. 『친일 승려 108인』의 저자 임혜봉 스님에 의하면 "친일 승려들은 징병제를 적극 홍보하고, 일본군 사령부를 방문해 비행기 기금을 헌납했다. 1943년 일제가 학도병을 징집하자 '제 발로 걸어 나가 죽는 것이 조선 청년 승려들의 시대적 사명'이라고 강변했다."고 한다.

언제나 농사철이면 물싸움이 난다

벼농사와 관개 시설

'우르르르, 쐐—'

이글이글 달아 있는 폭양 아래 난데없는 홍수 소리다. 물벌레, 고기 새끼가 죄다 말라져 죽고, 땅거미가 줄을 치고, 개미 떼가 장을 벌였던 봇도랑에, 둔덕이 넘게 벌건 황톳물이 우렁차게 쏟아져 내린다. 빨갛게 타져 죽은 곡식이야 인제 와서 물인들 알라마는, 그래도 타다 남은 벼와 시든 두렁콩들은 물소리만 들어도 생기를 얻은 듯이 우줄우줄 춤을 추는 것 같다. (……)

수도 저수지의 물을 터놓은 것이다. 성동리 농민들이 밤낮없이 떼를 지어 몰려가서 애원에, 탄원에 두 손발이 닳도록 빌기도 하고, 불평도 하고, 나중에는 밤중에 수원지 울안에까지 들어가서 물을 달리 돌려 내려고 했기 때문에, T시 수도 출장소에서도 작년처럼 또 폭동이나 일어날까 두려워서, 저수지 소제도 할 겸 제이 저수지의 물을 터놓게 된 것이다.

그러나 고까짓 저수지의 물로써 넓은 들을 구한다는 건 되지도 않는 말이고, 물을 보게 된 것이 차라리 없을 때보다 더한층 시끄럽고, 싸움만 벌어질 판이다. _211~212쪽

소설 속 성동리 마을은 3년 전에 수도 저수지를 만든 후 냇물까지 말라붙어 가뭄이 극에 달했다. 힘을 합쳐야 하는 논농사의 특성상 마을 사람들의 관계가 중요한데 물을 놓고 날마다 싸우다 보니 민심은 더욱 흉흉했다. 물이 흘렀지만 대부분의 봇물은 윗마을 보광리(최근에 생긴 중들의 마을)에서 차지하고, 아랫마을 성동리 주민들은 쥐꼬리만 한 물을 놓고 여기저기서 물싸움만 벌어졌다.

과거 우리나라는 농사철마다 너 나 할 것 없이 물 때문에 난리였다. 여러 이유가 있었으나 농법과 기후가 가장 큰 문제였다. 당시 농법은 이앙법이었다. 이앙법은 못자리를 만들어 새끼 벼로 키운 후 논에 모를 옮겨 심는 방법이다. 못자리에 볍씨를 뿌리고 싹을 트게 해서 벼가 한 뼘 정도 자라면 쟁기로 논을 깊이 갈고 물을 가두어 새끼 벼를 옮겨 심었다.

이앙법으로 농사를 지으면 싹이 노란 불량 벼를 없애고, 일손을 줄일 수 있었다. 또 재배 기간이 짧아 벼와 보리의 이모작도 가능했다. 하지만 조선 시대 전기에는 나라에서 이앙법을 금지했다. 모내기를 할 때 가물면 농사를 망치기 때문이었다. 지금은 곳곳에 저수

지가 만들어져 있지만 그때만 해도 많은 논이 천수답(天水畓)이었다. 천수답은 하늘만 바라보는 논으로 비가 오지 않으면 물을 댈 수 없는 논이다. 그럼에도 농민들은 수확량이 많은 이앙법을 포기할 수 없었고, 이앙법은 오히려 점점 확대되었다. 결국 조선 후기에 이르러 이앙법을 인정하는 대신 수리 시설을 늘리는 방향으로 정책을 바꾸게 되었다.

물이 부족한 또 하나의 이유는 봄이 우리나라의 건기라는 사실이다. 우리나라는 비가 장마와 태풍을 끼고 있는 여름에 주로 내린다. 이때 내리는 비가 연간 강수량의 약 60%이다 보니 나머지 계절은 모두 건기다. 그리고 봄은 날씨의 변화가 심한 계절이다. 따라서 씨를 뿌리는 파종기에 비가 올지 가물지를 알기가 어렵다. 오늘날 우리나라 곳곳에 댐, 저수지, 보 등이 많은 이유는 바로 이런 기후 때문이다.

이런 상황에서 가뭄이 들었는데 성동리 저수지의 물이 흘러나온다. 하지만 그 정도의 물로는 마을 사람들의 논에 충분히 댈 수가 없다. 더욱이 위쪽에 위치한 보광리에서 저수지 물을 죄다 가로채 버린다. 성동리 주민들에게 저수지는 그림의 떡이었다. 결국 성동리 주민들은 농사를 망쳐 도지(소작료)를 낼 수 없게 되고, 그나마 부치던 논마저 빼앗길 수밖에 없는 처지가 되었다.

왜 사하촌 주민들은 소작민이 되었을까?

또 어디선지 죽다 남은 듯한 쥐 한 마리가 튀어나오더니 종종걸음으로 마당 복판을 질러서 돌담 구멍으로 쏙 들어가 버린다. 군데군데 좀 구멍이 나서 썩어 가는 기둥이 비뚤어지고, 중풍 든 사람의 입처럼 문조차 돌아가서, 북쪽으로 사정없이 넘어가는 오막살이 앞에는, 다행히 키는 낮아도 해묵은 감나무가 한 주 서 있다. (……) 그걸 다행으로 깔아 둔 낡은 삿자리 위에는 발가벗은 어린애가 파리똥 앉은 얼굴에 땟물을 조르르 흘리며 울어 댄다. _208쪽

위 인용문은 이 소설의 시작 부분의 한 구절로 당시 성동리 사하촌 주민들의 삶을 비유적으로 잘 설명하고 있다. 메마른 마당, 찌그러지는 오막살이 풍경은 당시 식민지 사람들의 고단함을 닮았다. 똥파리가 앉은 얼굴에 땟물이 흐르는 어린아이의 모습은 슬프기까지 하다. 사하촌의 사람들은 왜 그런 삶을 강요당했을까?

일제 강점기에는 우리 땅의 많은 것이 파괴되고 바뀌었다. 먼저 일본은 그들의 지배력을 강화하기 위해 조선의 동리를 폐합했다. 자연적으로 생겨난 촌락들을 2~3개씩 통폐합하여 하나의 법정 동리로 묶었다. 그리고 경찰이 마을의 교육과 행정, 그리고 주민들의 위생까지도 감시하고 지도하는 경찰 정치를 강화하였다.

일본인들은 조선인들의 땅을 빼앗고, 권력 구조를 바꾸기 위해 토지 조사 사업을 벌였다. 토지 조사 사업이 뭔지도 잘 모르던 농민

일제의 토지 조사 사업으로 많은 농민들이 땅을 빼앗기고 소작인으로 전락했다.

들은 세금을 많이 내야 하는 줄 알고 토지 면적을 축소하여 신고하거나 아예 신고하지 않았다. 그 결과 신고하지 않은 땅이 전국에 넘쳐났고, 이 땅은 조선 총독부의 소유가 되었다. 그런가 하면 오래전부터 농민들이 이용해 왔던 경작지, 산림, 초원 등 여러 형태의 공유지가 조선 총독부의 소유로 되었다. 또 과거에는 개간되지 않은 땅은 개간하는 사람의 소유로 인정하는 것이 관례였는데, 일본 투기꾼과 자본가, 지방 유지들이 자기 땅으로 신고하여 가로챘다. 그리 길지 않은 시간에 많은 농민들은 자신의 땅을 빼앗기고 대신 남의 땅을 경작하고 사는 소작인이 되었다.

이는 실제 자료를 통해서도 알 수 있는데 토지 조사 사업이 완료(1918년)된 후의 결과는 전체 농민 중 자작 겸 소작농이 39.4%, 순소작농이 37. 8%였다. 이미 많은 농민들이 소작인 신세가 된 것이다. 그리고 이것은 시간이 흐를수록 심해져서 1939년에는 전 농가의 53.9%가, 곡창 지대인 남한에서는 70%가 순 소작농으로 전락하였다. 결국 이익의 60~70%를 소작료와 세금 및 각종 부과금으로 내야 하는 슬픈 농민들을 양산했다.

게다가 제2차 세계 대전 말에는 전시 중이라는 이유로 일제가 최소한의 식량과 종자를 뺀 모든 농산물을 조선 총독부에 바치도록 강요하였다. 그리고 나중에는 농민들끼리 서로 감시하게 하고, 최소한의 생계용 식량까지 빼앗고 잡곡과 콩깻묵 등으로 식량 배급제를 실시하였다.

'촌' 성동리 주민들은 특별한 사람들이 아니라 그 시대를 그렇게 살다 간 많은 사람들 중 일부였다. 사하촌에서 '촌'은 촌락으로, 쉽게 말해 '농촌', '어촌' 할 때의 시골을 말한다. 촌락은 자연에서 먹을 것을 얻는 마을로 농촌, 어촌, 산지촌 등이 있다. 또 촌락은 위치와 형태에 따라서 농경지나 길을 따라 늘어선 노촌, 집들이 둥그렇게 둘러선 환촌, 집들이 흩어져 있는 산촌(散村), 불규칙하게 집들이 모여 있는 괴촌 등으로 구분한다. 우리나라는 산자락 아래 샘이나 우물을 중심으로 발달한 괴촌이 많으며, 주민들의 특성을 보면 동족끼리 모여 있는 동족 촌락이 가장 대표적이었다. 동족촌은 동족이 집단을 이루어 모여 사는 마을이다. 우리나라 사람들의 성씨를 보면 평산 신씨, 밀양 박씨, 안동 김씨처럼 성씨 앞에 지명이 붙는다. 예를 들면 안동의 하회마을에 가면 풍산 류씨나 안동 김씨가 많은 편이다. 하지만 오늘날에는 동족촌이 거의 사라져 버렸다.

피리 부는 사나이

하멜른에는 왜 쥐가 많았을까?

독일의 작은 도시 하멜른에는 쥐가 많았다. 사람 수보다도 훨씬 많은 쥐들이 시끄러운 소리를 내며, 곳곳에서 음식을 축내고 집과 가구를 갉아 못 쓰게 만들었다. 어떨 때는 사람을 공격하기도 했다. 시민들은 시장에게 쥐를 없애 달라며 항의했다.

"시장님, 쥐들이 시청 광장까지 점령하고 난리를 피우고 있어요."

"쥐들이 우리를 비웃는 것 같다니까요."

"쥐들이 무서워 고양이들마저 도망가 버렸어요."

"시장님, 제발 쥐를 없애 주시오. 안 그러면 시장 자리도 위태로울 거요." _10쪽

하지만 시장도 별 뾰족한 수가 없었다. 그러던 어느 날 차림새가 초라한 낯선 남자가 마법 피리를 가지고 하멜른에 나타났다. 그는 시장에게 도시의 쥐들을 모두 없애 줄 테니 금화 1000냥을 달라고 요구한다. 엄청난 금액이지만 급한 마음에 시장은 이를 받아들인다. 그리고 사나이가 피리를 불자, 도시 곳곳에 숨어 있던 쥐들이 나와 사나이를 뒤따랐다. 피리 부는 사나이는 쥐들을 끌고 강가로 가서 모두 물에 빠뜨려 죽였다. 그런데 문제가 해결되자 시장은 돈을 주기로 한 약속을 어기고 이 사나이를 내쫓았다. 얼마 후 피리 부는 사나이가 다시 하멜른에 나타나 피리를 불었다. 그러자 아이들이 하나둘씩 나와 그를 뒤따랐다. 이 사나이는 하멜른의 아이들을 데리고 도시를 떠나 사라졌다.

이 이야기는 중세 시대 독일의 도시 하멜른에 내려오는 전설을 바탕으로 독일의 그림 형제, 영국의 로버트 브라우닝, 일본의 아베 긴야 등이 동화로 재구성하여 널리 알려졌다.

하멜른에서 이런 동화가 태어나게 된 배경은 무엇일까? 하멜른의 지역적 특성을 살펴보면 쥐가 동화의 주인공이 된 이유를 짐작할 수 있지 않을까?

하멜른에는 왜 쥐가 많았을까?

하멜른은 독일의 니더작센 주에 있다. 베저 강을 끼고 있는 인구가 약 6만 명인 항구 도시다. 항구를 끼고 있는 하멜른은 지리적 이점을 살려 주변의 뤼베크, 쾰른, 함부르크 등 주요 도시들과 한자 동맹을 맺은 도시기도 했다. '한자'(Hansa)란 본래 유럽의 도시 상인들의 조합을 뜻하며, 이들 상인 세력이 주축이 된 도시 간의 동맹이 한자 동맹이다. 12~13세기 유럽에는 한자가 활발하게 생겨났다. 14세기 한자 동맹을 맺은 도시는 70~80개에 이르렀고, 16세기 초까지 북유럽 지역의 무역을 주도하였다. 하지만 한자 동맹의 도시들은 신항로가 발견된 뒤 쇠퇴하게 된다.

한편, 하멜른은 무역 도시이자 제분업이 발달한 도시였다. 제분이라고 하면 보통 밀을 밀가루로 만드는 걸로 생각하지만 쌀, 보리, 밀, 옥수수, 콩 등 온갖 곡물을 가루로 만드는 일을 가리킨다. 곡물을 가루로 만들면 곡물 그대로 먹는 것보다 소화가 잘되고, 그것으로 다양한 음식을 만들 수 있다. 특히 밀가루는 반죽을 하면 부드럽고, 쫄깃쫄깃하고, 늘어나는 성질이 증가하여 면이나

빵을 만들 수 있다. 오늘날에도 제분소에서 가장 많이 빻는 곡물은 밀이고, 그다음이 감자, 쌀, 고구마, 옥수수, 콩 등이다. 그러니 도시에는 제분 공장이 여럿 있었을 것이고, 공장 창고에는 여기저기서 온 곡물이 가득했을 것이다. 당시 가장 잘나가는 한자 동맹의 도시였으니 무역 또한 활발해서 하멜른의 경제는 잘 돌아가고 있었을 것이다. 피리 부는 사나이가 쥐 잡는 조건으로 시장에게 금 1000냥을 내놓으라고 한 것은 그만큼 하멜른이 경제적 능력이 있는 도시였다는 반증이 아닐까?

하멜른이 위치해 있는 독일의 북부 지역은 여름이 서늘해서 다양한 작물을 생산하기에는 맞지 않는 기후이다. 하지만 소나 양을 키우면서 옥수수, 콩, 귀리 등 사료 작물을 함께 재배하는 혼합 농업이 발달했다. 여름이 서늘하여 경작은 불리하지만 소가 먹을 초지

서양과 동양에서 쥐란 놈은? 고대 인도나 이집트에서 쥐는 밤의 상징이었으며, 그리스에서 쥐는 파멸과 죽음의 상징이었다. 중세에도 쥐는 악마나 마녀와 연결되어, 사람들은 마녀가 쥐로 변신하거나 쥐를 만들 수 있다고 믿었으니 쥐 신세는 펴지지를 못했다. 실제 마녀재판의 기록에는 마녀가 고백한 '쥐 만들기' 처방도 있었다.

14세기에는 페스트(흑사병)까지 유행하여 유럽 인구의 1/3이 죽자 쥐와 죽음과 페스트가 같은 뜻의 말이 되었다. 그래서 근대까지도 쥐가 옷이나 침대를 갉거나 죽은 쥐 꿈을 꾸면, 본인이나 주변의 누군가가 죽는다고 믿었다. 또 인간이 죽으면 혼은 쥐가 되어 떠난다든지, 잘 때 입을 다물지 않으면 혼이 쥐가 되어서 나간다고도 믿었다.

동양에서도 쥐는 별로 반가운 존재가 아니었다. 중국에서 쥐는 경자(耕子)라 한다. 음식과 옷, 가구를 갉아서 못 쓰게 만드는 놈이란 뜻이다. 쥐 피해가 꽤 컸던지 빈방에 음식을 준비해 쥐에게 먹이면 쥐의 피해를 막을 수 있다는 풍습까지 있었다.

(풀밭) 형성에는 유리하기 때문이다. 또 하멜른은 도시 어귀로 강이 흘러서 농업용수가 충분해 농사를 짓기에는 유리했을 것 같다. 그렇다면 하멜른은 다른 도시보다 먹을 것이 풍부해서 쥐가 살고 싶은 도시였을 것이다.

정말 하멜른에서 어린이들이 사라졌을까?

1971년, 독일 괴팅겐의 주립 문서관에서 1284년에 130명의 어린이가 실종된 사건이 실제로 일어났다는 내용이 기록된 고문서가 발견되었다. 이때는 13세기로 우연히도 피리 부는 사나이를 따라간 어린이들이 사라진 해라고 많은 사람들이 믿고 있는 시기이기도 하다. 물론 이를 두고 학자들마다 서로 다른 주장을 편다.

먼저, 130명의 어린이가 사라진 이유는 '소년 십자군'으로 소집되었기 때문이라는 주장이 있다. 십자군이 유행하던 당시 순결한 존재인 아이들만이 크리스트교의 성지 예루살렘을 되찾을 수 있으니 십자군이 되라고 선동하는 사람들이 있었다. 그리고 이 말에 속은 아이들이 촛불을 들고 맨발로 항구까지 가는 도중에 죽거나 인신매매를 당했다는 것이다.

하지만 소년 십자군은 실제 존재한 것이 아니라 13세기 프랑스나 독일 등에서 소년, 소녀들이 일부 참여한 평민들의 종교 행진이 풍문, 사건, 민중 봉기, 전설 등과 뒤섞여 만들어진 설이라고 추측

하는 사람도 있다. 라틴어 '소년'(pueri)은 속어로 '건들거리는 어른들', '부랑민'을 뜻하기도 한다. 중세에는 부랑민도 많았고, 이들을 선동하는 떠돌이 수도승도 많았다. 그리고 십자군 운동으로 성지로 가겠다는 군중도 많았다. 이런 상황들이 와전되어 소년 십자군 주장이 나왔다고 보는 것이다.

이 밖에도 12~13세기에 독일 동부의 새로운 땅을 개척하려고 움직인 집단 이주, 전염병이나 자연재해로 인한 집단 죽음, 또는 1260년 교회군과 시민군 사이의 전쟁과 관계 있다는 주장도 있다.

확실한 것은 하나도 없다. 다만 분명한 것은 하멜른이 아닐지라도 중세 유럽에서 소년, 소녀들에게 이런 가혹한 일들이 벌어졌다는 사실이다. 그래서일까? 아이들이 사라진 이야기는 하멜른의 '피리 부는 사나이'에만 있는 것이 아니다. 브란덴부르크의 '바이올린 켜는 사나이', 로크의 '피리 부는 사나이', 하르츠 산맥의 '백파이프 부는 사나이', 아비시니아의 '귀신 들린 피리 부는 사나이' 등에도 악기 소리로 아이들을 유괴하는 내용이 있다.

하멜른 라텐팽어하우스(쥐 잡는 사람의 집)의 옆 벽면에는 "1284년 성 요한과 바울의 날 6월 26일, 화려한 옷을 입은 피리 부는 사나이가 130명의

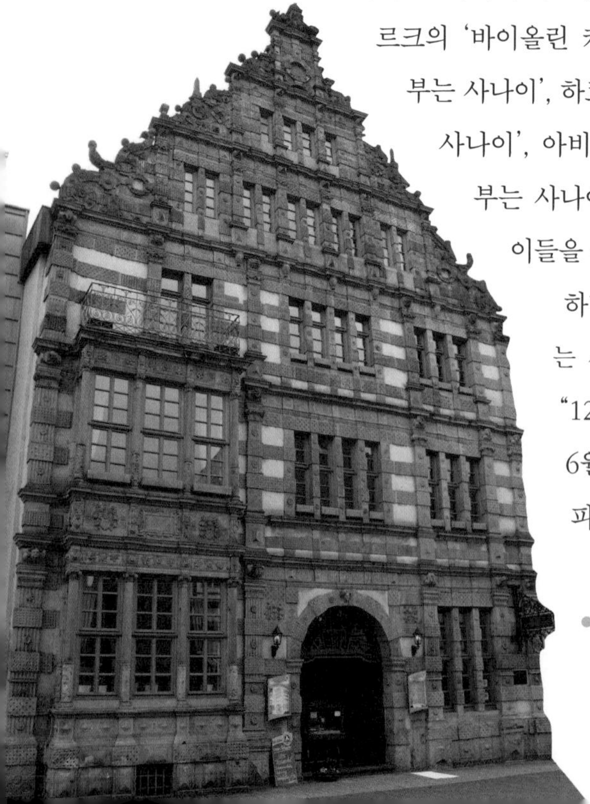

● 라텐팽어하우스

하멜른 아이들을 유인하여 동문 밖 칼바리코프에서 사라졌다."라고 새겨져 있다. 하멜른에서는 이 사건을 잊지 않기 위해 1284년을 도시의 공문서 연대 원년으로 삼았다고 한다. 어느 날 갑자기 아이들이 사라지자, 이 도시는 슬픔과 탄식과 아이들을 그리워하는 부모들의 눈물로 가득 찼을 것이다. 그리고 그것이 이 동화의 내용처럼 누군가의 탐욕과 거짓 때문이었다면 어른들의 후회와 죄책감과 고통은 두고두고 지워지지 않았을 것이다.

아이들이 사라진 거리에서는 피리 부는 사나이의 저주가 다시 나타날까 봐 북이나 피리 등 악기 연주를 금지하고 있다. 그래서 이 거리의 이름이 '북이 울리지 않는 거리'라는 뜻의 '붕겔로젠 슈트라세'이다.

하멜른의 쥐는 영원히 박멸되었을까?

쥐 박멸의 역사

2008년, 하멜른에서 음식물 쓰레기를 포함한 각종 쓰레기가 도시 외곽 공터에 쌓이면서 쥐 떼들이 들끓기 시작해 골칫거리가 됐다. 피리 부는 사나이를 불러야 한다는 비아냥의 목소리가 커졌다. 정부는 공터 주변에 많은 쥐덫을 놓았지만 역부족이었다. '폭증'한 쥐 떼들은 공터를 넘어 주택가에도 위험 요인이 되었다.

긴 역사 속에서 인간과 쥐는 끊임없이 싸워 왔고, 싸움의 결과는 언제나 쥐의 승리였다. 인도에서는 쥐의 번식력이 죽음의 신 '야나'를 이긴다고 생각했고, 그리스인들은 암쥐는 소금만 핥아도 새끼를 밴다고 믿었다. 고대 그리스에서는 임신한 암쥐의 배를 가르자 120마리의 새끼가 나왔고, 그중 암컷이 두 마리였는데 이들도 이미 새끼를 배고 있었다는 전설이 있을 정도이다.

농경 사회에서 쥐 떼는 들판의 농작물을 순식간에 황폐화하는 절대 권력자와 같았다. 전염병이 휩쓸고 간 것보다 쥐 떼가 휩쓸고 간 뒤가 더 비참했다. 인간은 쉼 없이 쥐 박멸에 힘썼지만 언제나 역부족이었다. 1890년 하와이에서는 쥐 떼를 없애기 위해 천적 몽구스를 들여왔다. 하지만 낮에 활동하는 몽구스로 밤에 활동하는 쥐를 잡는다는 것은 그야말로 코미디였다. 주민들만 공포에 떨게 했을 뿐이다.

이런 코미디는 중국에서도 있었다. 문화 혁명(1966~1976) 당시 중국 공산당은 죽은 쥐를 가져오면 보상금을 주었다. 그러니 하루에 수십만 마리의 죽은 쥐가 모아졌다. 인간이 쥐를 이긴 걸까? 실상은 보상금을 노린 농부들이 쥐를 대량으로 사육한 뒤 죽여서 넘긴 것이었다. 이렇게 해서 '쥐잡기 운동'이 '인민 재판'과 '즉결 처형'으로 이어져 쥐 대신 인간이 죽는 일이 벌어졌다.

쥐의 번식력과 생존 능력은 20세기 이후에도 여전했다. 1950년대 미국은 태평양의 엔게비 섬에 원자 폭탄 14발과 수소 폭탄 1발을 떨어뜨렸다. 4년 뒤 그 섬에 가 보니 무성하던 열대림은 사라지고 황무지가 되어 있었는데 '쥐' 한 종류만 잘 살고 있었다고 한다.

먹이 하나 없는 섬에서 쥐들이 어떻게 살았는지는 아무도 모른다. 단, 한 가지 분명한 것은 핵전쟁으로 인류가 멸종된 후에도 쥐만은 살아 있으리라는 사실이다.

최근에는 불임을 유발하는 약을 쥐에게 먹이는 방법이 개발되었다. 이 약을 먹으면 숫쥐는 고환이 수축되고, 암쥐는 뇌하수체와 난소에 이상이 생겨 불임이 된다. 그런데 실험에서 쥐들은 무색무취의 이 약에 입도 대지 않았다고 한다. 또 의심이 가는 것을 먹더라도 가장 나이 많은 쥐가 먹고 나서 48시간이 지난 후에 나머지 쥐들이 먹었다. 마치 사려 깊은 사람 같다는 생각이 든다. 1926년 청산 가스를 뿌리는 실험에서는 몇몇 쥐들이 죽기 전 가스관으로 들어가 가스를 차단함으로써 나머지 쥐들을 살려 냈다. 이때 희생한 쥐 역시 집단에서 가장 나이가 많았다고 한다. 이로써 과학자들은 세균전, 육탄전 등 어떤 수단을 써도 쥐 박멸은 불가능하다는 결론을 얻었다고 한다. 실제로 쥐가 기승을 부렸던 1965년부터 10년간 세계의 쥐약 소비량은 5배 늘었지만 쥐 퇴치에 실패했고 농작물 피해는 늘었다.

쥐와 피리 부는 사나이가 하멜른을 먹여 살린다

문학의 관광 산업화

하멜른은 철도의 분기점이며, 카펫·화학·기계·식품 가공 등의 제

조업이 활발한 도시다. 하지만 하멜른을 대표하는 산업은 무엇보다도 관광 산업이다. 그리고 관광의 중심에는 '쥐'와 '피리 부는 사나이'가 있다. 한때의 고통스런 기억은 그 사건을 잊지 않으려는 주민들을 통해서 그림과 조각으로, 연극으로 승화되었다. 역설적이게도 그것이 오늘날에는 하멜른을 먹여 살리고 있다. 하멜른에는 고딕 양식의 교회, 웨딩하우스 등 아름다운 관광지가 많다. 하지만 하멜른을 방문하는 관광객 대부분은 '라텐팽어하우스'를 가장 먼저 찾는다. 실제 이 집에 피리 부는 사나이가 살지는 않았다. 이 집에는 목각 인형, 지도, 그림(유화) 등 다양한 예술 작품과 피리 부는 사람의 전설을 묘사한 프레스코화가 있다.

중세 도시의 멋이 가득한 하멜른의 마르크트 광장에는 피리 부는 사나이 동상이 곳곳에 서 있다. 광장에서는 5월 중순부터 9월 중순까지 일요일 12시에 이곳 주민들이 자원봉사로 참가하는 '피리 부는 사나이' 연극이 펼쳐진다. 그리고 하멜른의 길바닥에는 쥐 그림이 그려져 있는데, 이 그림을 따라가면 쥐가 몰살된 베저 강이 나온다. 관광객 중에는 쥐 그림을 따라 베저 강까지 걸어 보는 이도 많다. 걷다가 배가 고프면 쥐 모양의 빵을 사 먹고, 친구와 가족에게 줄 쥐 모양 인형 같은 기념품을 사기도 한다. 마르크트 광장에 있는 '웨딩하우스'에서는 매일 1시 35분, 3시 35분, 5시 35분에 종이 울리면 피리 부는 사나이 인형이 회전 무대로 등장한다. 본래 종소리는 들에서 일하는 농부들에게 시간을 알리는 것이었다.

하멜른에는 중세 때 밀가루를 만들던 제분소와 베저 르네상스 양

● 하멜른 곳곳에 피리 부는 사나이 동상이 서 있다.

식이라 하여 화려한 문양과 문자로 장식된 집들이 남아 있다. 또 아이들이 사라졌다는 거리인 '북이 울리지 않는 거리'에서는 지금도 음주가무가 금지되어 있다. 이 거리의 음식점에서는 돼지고기를 쥐 꼬리 모양으로 만든 '쥐 꼬리 요리'를 먹어 볼 수 있다.

하멜른에는 해마다 250만 명의 관광객이 찾아온다. 약 6만 명이 사는 도시라 한적할 것 같지만 언제나 관광객이 끊이지 않는다. 오늘날 하멜른의 주민들은 '피리 부는 사나이'가 정말 고마울 것 같다.

허생전

묵적골은 어떤 마을일까?

하루는 허생의 아내가 몹시 배고파하다가 울음 섞인 소리로 말했다.

“당신은 평생 과거를 보지 않으니 글은 읽어 무엇합니까?” 허생이 웃으며 대답했다.

“나는 아직 독서를 충분히 하지 못했소.”

“그러자 아내가 다시 말하였다.

“그러면 공장 일이라도 하면 안 되나요?”

“공장 일은 배운 적이 없는데 어떻게 하겠소?”

“그럼 장사라도 하면 안 되나요?”

“장사는 밑천이 없으니 어떻게 하겠소?” 그러자 아내가 화를 내며 소리쳤다.

"밤낮 글을 읽더니, 고작 배운 게 '어떻게 하겠소?'라는 소리뿐이랍니까? 공장 일도 못 한다, 장사도 못 한다, 그러면 도둑질이라도 하면 안 된답니까?" _33~34쪽

허생은 쓰러져 가는 초가집에 살며, 온종일 방 안에서 글을 읽는 게 전부였다. 7년째 되는 어느 해, 집에 비 새는 것도 모르고 글만 읽는 허생을 보며 삯바느질로 연명하던 아내가 배고픔을 참다못해 울며 하소연을 털어놓았다. 이리하여 허생은 책을 덮고 돈벌이에 나선다. 허생은 곧장 종로(운종가)의 변 부자에게 가서 장사 밑천으로 1만 냥을 빌려 안성으로 갔다. 그러고는 온 나라 과일을 다 사들인 후 열 배로 팔아 큰돈을 벌었다. 그다음으로는 제주도로 가서 망건을 만드는 말총(말의 갈기나 꼬리의 털)을 모두 사들였다. 얼마 지나지 않아 말총으로 만드는 망건(상투 튼 사람이 머리에 두르는 그물처럼 생긴 물건) 값이 열 배나 올라 또 큰돈을 벌었다. 그리고 들끓는 도둑 떼들을 데리고 무인도로 들어가 농사를 지으며 살았다. 그렇게 농사 지은 쌀을 다시 일본에 내다 팔아 도둑질 안 하고 살 수 있도록 해 준 뒤 다시 한양으로 돌아온다. 허생은 가져온 돈 대부분을 어려운 이들에게 희사하고 변 부자에게 돈을 열 배로 갚는다. 그리고 다시 빈털터리가 되어 집으로 돌아온다.

『허생전』은 박지원이 이 소설을 쓴 시기보다 약 100년 전인 17

세기 조선 효종 때가 배경이다. 이 소설을 통해 박지원은 허례허식에 물든 조선의 양반을 비판한다. 더불어 실학사상, 특히 풍요로운 경제와 행복한 의·식·주 생활을 뜻하는 이용후생을 바탕으로 조선의 정치, 경제, 사회, 외교에 걸쳐 문제점과 고쳐 나가야 할 방향을 제시하고 있다.

인간의 생활 공간은 기후와 지형 같은 자연환경과 정치적·경제적 판단과 같은 선택에 따라 만들어진다. 그것이 개인에게는 인생이 되고, 민족이나 국가에는 역사가 된다. 『허생전』 속에서 허생이 살던 묵적골은 어떤 곳이고, 역사 속에서 어떻게 변했을까? 그리고 허생의 실험적 인생에서 우리는 어떤 교훈을 얻을 수 있을까?

허생이 살던 '묵적골'은 어떤 마을일까?

북촌과 남촌

허생은 묵적골에 살았다. 남산 기슭의 우물가에 오래된 은행나무가 있었는데, 허생의 집은 그 은행나무를 향해 있는 초가집이었다. 두어 칸짜리 좁은 초가가 낡아 비바람을 막지 못할 정도였지만, 허생은 늘 글만 읽을 뿐, 살림살이에는 전혀 신경을 쓰지 않았다. _33쪽

묵적골은 한양의 남촌에 있는 마을이었다. 남촌은 청계천 이남의 남산 자락에 있었다. 지금은 한강을 기준으로 서울을 강북과 강남

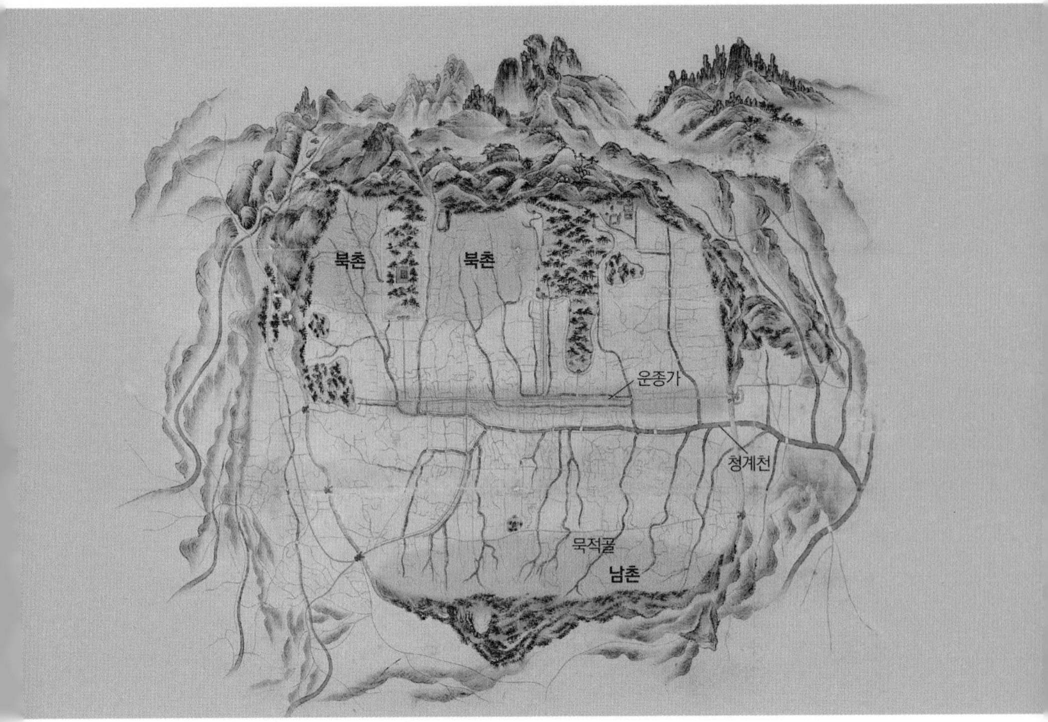

● **도성도** 조선 시대 한양의 내부 구조를 알 수 있는 지도이다. 서울대 규장각 소장.

으로 나누지만, 조선 때는 청계천을 기준으로 한양을 남촌과 북촌으로 나눴다(종각을 기준으로 북촌과 남촌으로 나눴다는 주장도 있다).

남촌에는 과거 시험에 실패한 양반과 하급 관리들이 주로 살았다. 남촌의 선비들은 사시사철 허름한 옷을 입고, 걸을 때 딸각딸각 소리가 나는 나막신을 신고 다녀서 '딸각발이'로 불렸다. 반면, 북악산 기슭의 북촌은 조선을 지배한 높은 벼슬의 양반들 마을이었다. 궁으로 출퇴근하기 편하도록 경복궁과 창덕궁 중간에 자리 잡고 있었다. 북촌은 오늘날의 종로구 재동·삼청동·가회동 등에 걸쳐 있었으며, 지금도 그곳에는 유서 깊은 한옥들이 즐비해 있다.

허생이 변 부자에게 돈을 빌리러 간 운종가는 북촌의 종로 거리다. '종가'로도 불리며, 조선 최대의 고급 상권(값비싼 물건을 다루는 곳)이 형성된 곳으로 비단, 무명, 명주, 종이, 모시·베, 어물 등을 파는 육의전이 있었다.

일본에 의해 조선이 무너지기 시작하면서 권력을 누리던 북촌은 함께 쇠퇴했다. 반면, 일본인들이 터를 잡기 시작한 남촌은 그 운명이 달라졌다. 남촌의 진고개는 이름대로 질척한 고개였다. '진흙니'에 '고개 현' 자를 써서 '이현'으로 부르기도 했는데, 19세기 말 진고개에 일본 공사관이 들어서고 일본인 거주 지역으로 지정됐다. 이런 까닭에 북촌 양반들은 진고개 일대를 '왜놈 마을'이라고 욕했다. 그래도 진고개 일대에는 일본인들이 지속적으로 들어왔고 일본 물건을 파는 상점들이 하루가 멀다 하고 들어섰다. 그중에는 눈깔사탕이나 만화경같이 순진한 조선인들이 좋아하는 물건도 있었다. 눈깔사탕은 얼마나 맛이 있었는지 경기도 수원이나 양주에서도 사러 왔다고 한다.

일본 상인들은 돈을 벌기 시작하더니 요술, 곡예, 경륜 같은 사업까지도 했다. 1904년 러일 전쟁의 영향으로 진고개에 일본 군대가 자리를 잡자 일본인들이 더욱 드세게 몰려들었다. 그중에는 악질 사채업자도 있었는데, 그들은 가난한 남촌 선비들의 집을 저당 잡고 돈을 빌려 주었다가 집을 빼앗아 갔다. 선비들이 돈 갚을 날이 되면 사채업자는 연락을 끊고 숨었다가 한 달쯤 지난 후 나타나 집

● 남산으로 이어진 동쪽 성곽에서 본 숭례문(1904년)

을 압류했다. 이렇듯 일본인들은 온갖 악랄한 방법으로 남촌을 차지해 갔다.

1908년에는 숭례문의 양쪽 성곽을 헐고 숭례문에서 광화문으로 연결되는 도로를 만들었다. 진고개에 비가 오면 남산 토사로 진흙탕 길이 되기 때문에 북촌으로 이동할 수 있는 길을 낸다는 이유에서였다. 하지만 일본인들은 한양을 둘러싼 성을 허물며 조선인의 자존심을 구겨 놓았다. 일본인들의 이런 무례한 짓거리는 남촌에서 계속되었다. 소공동 환구단 터에 철도호텔(조선호텔의 전신)을 지으면서 환구단(하늘에 제사를 지내던 제단)을 없애고, 황궁우(태조의 신위를 모셔 놓은 곳)가 건물에 가려 보이지 않게 만들어 버렸다.

20세기 초는 조선에는 치욕의 역사였지만, 권력을 쥔 일본인들이 거주하면서 남촌에는 상수도가 보급되고 신작로가 놓였으며 밤에도 전기등이 대낮처럼 밝혀졌다. 남촌은 그 시대의 신흥 부자 마을이 된 것이다. 그래서 남촌에는 일본인이 많았고 조선인일 경우 친일파가 많았다고 한다.

허생이 빌린 1만 냥은 오늘날 얼마일까?

조선 화폐의 가치

"한양에서 제일가는 부자가 누구요?"

어떤 사람이 변 씨가 가장 큰 부자라고 일러 주자, 허생은 곧장 변 씨의 집을 찾아갔다. 그는 변 씨에게 인사를 하고 나서 말했다.

"내가 무얼 좀 해 보려고 하는데, 집안이 가난합니다. 만 냥을 빌려 주셨으면 합니다." 그러자 변 씨가 대답했다.

"그렇게 하시오." _35쪽

허생은 변 부자에게 1만 냥을 빌리고도 고맙다는 말 한마디 없이 그의 집에서 나왔다. 비범하게 보이기는 하지만 별로 바람직한 태도 같지는 않다. 그리고 그 길로 안성장으로 간 허생은 대추, 밤, 감,

● **상평통보(앞뒤)** 17세기에 만든 화폐로 전국적으로 사용되었다. 구리와 주석의 합금으로 만들었으며 앞면에는 상평통보, 뒷면에는 동전을 만든 관청 이름과 주조 번호를 새겼다.

배, 석류 귤, 유자 등을 두 배 값으로 모두 사들였다. 이렇게 되니 사람들은 잔치나 제사 때 과일을 구할 수가 없게 되었다. 유교 국가 조선에서 조상님께 맛난 과일을 올리지 못한다는 것은 큰 죄인데 말이다. 하는 수 없이 과일 장사꾼들은 허생에게 가서 열 배 값으로 과일을 도로 샀다.

허생은 짧은 시간에 1만 냥을 10만 냥으로 불려 놓았다. 여기서 허생이 빌린 돈 1만 냥은 오늘날 가치로 얼마나 될까? 학자마다 좀 다른데 상평통보 1냥을 2만 원에서 3만 원으로 보았다. 당시 돈 가치는 쌀값이 기준이었는데 쌀값이 상황에 따라 달라 정확한 가치를 알기는 어렵다. 하지만 대략 1냥을 2만~3만 원으로 추정하면 1만 냥은 2억~3억 원 정도였을 것이다. 3억이라고 해도 작은 돈은 아니지만 나라의 경제를 휘청이게 할 만큼 큰돈도 아니지 않은가?

한편, 허생이 곧장 안성 장으로 간 것으로 보아 역시 허생은 공부한 티가 난다. 조선의 물류를 잘 이해하고 있었던 사람 같다. 당시 안성 장은 대구, 전주와 어깨를 겨눌 정도로 큰 시장이었다. 안성은 한양과 지방을 잇는 교통의 요지에 위치하여 '한양보다 두세 가지가 더 난다.'라는 말이 있을 정도로 과일뿐 아니라 다른 식료품이나 공예품 등도 풍부했다.

허생은 과일을 팔아 지금 돈으로 30억을 벌고, 제주도에서는 말총으로 다시 열 배의 이익을 남긴다. 그뿐 아니라 도둑들을 데리고 사문도(마카오)와 장기도(나가사키) 사이의 섬으로 가서 농사를 지은 후 흉년이 든 일본 장기도에 가서 팔아 다시 100만 냥을 더 벌었다. 18세기에 쌀 한 섬은 5냥이었다고 한다. 허생원이 열 배의 이익을 남겼다고 할 때 쌀 한 섬이 50냥이니 일본에 쌀 2만 섬을 판 것이다. 한 섬은 한 사람이 1년간 먹는 양(옛날에는 140kg 정도였지만 지금은 80kg 정도다)이다.

허생은 나쁜 부자일까, 착한 부자일까?

허생은 과일이나 망건 등 특정한 물건을 독점하여 그 물건이 세상에서 구하기 힘들어졌을 때 열 배 이상의 가격으로 파는 나쁜 방법으로 돈을 벌었다. 이 방법은 허생이 발명한 것은 아니다. 실제 고려 시대나 조선 시대에 독점을 해서 쉽게 돈을 버는 악덕 상인들이 꽤 있었다고 한다. 오늘날로 따지면 경제 사범이고, 전쟁 시 이런 이기적인 행동을 하면 총살감이다. 허생 자신도 사람들이 이런 방법으로 돈을 벌면 나라 경제가 병든다는 것을 알고 있었다. 지식은 양날의 칼로 되어 있어서 좋은 일에도 쓸 수 있지만 못된 짓에도 쓸 수 있다. 이렇게만 생각하면 허생은 나쁜 부자다. 이런 비양심적인 부자들 때문에 독점 금지법이 생겨났다.

독점 금지법이란 말 그대로 한 개인이나 집단이 물건을 독점하여 제맘대로 시장에 유통시키는 것을 막는 법인데, 이것은 우리의 이웃이나 이웃 기업이 더불어 잘살 수 있도록 최소한의 경제 정의를 법으로 정해 놓은 것이다. 요즘에는 물질주의가 극에 달해서 '수단과 방법을 가리지 않고서라도 부자만 되면 된다.'라고 생각하는 사람도 있다. 하지만 돈이란 다른 사람들을 못살게 굴면서 벌면 안 되는 것이다.

그렇지만 허생은 독점, 매점매석(물건을 사재기했다가 비싸게 파는 일) 같은 나쁜 짓으로 돈을 벌면서도 겨우 1만 냥에 온 나라 과일이 사라진다는 사실에 나라 걱정이 컸다. '만약, 중국이나 일본 부자가 조선에 와서 어떤 물건을 모두 사들인다면 어찌 되겠는가?' 당시 1만

독점 금지법 경쟁 촉진법 또는 공정 거래법이라고도 한다. 19세기 중엽 자본주의 경쟁에서 몇몇 대자본가들이 시장을 독점하는 일이 있었다. 그 피해는 노동자와 소비자가 고스란히 받았고, 그에 따라 독점 금지법이 생기게 되었다. 독점 금지법으로는 미국의 셔먼법(1890), 클레이튼법(1914), 독일의 카르텔 명령(1923), 영국의 독점 규제법(1948), 일본의 독점 금지법(1947) 등이 있다. 한국은 '물가 안정 및 공정 거래에 관한 법률'(1975), '독점 규제 및 공정 거래에 관한 법률'(1980)을 제정하여 불공정 거래 행위와 독점 행위 등을 규제하고 있다.

냥으로 온 나라 과일을 모두 사들일 수 있을 만큼 조선의 경제 규모는 작았다. 조선에서는 대부분 자급적인 농사를 짓고, 도로가 발달하지 못해 수레가 다니질 못해서 물품이 생산되는 곳에서 주로 소비되었다. 교통이 발달하고 교역이 활발해서 상업적인 농업이 성했다면 단돈 1만 냥으로 온 나라 과일을 싹쓸이하지는 못했을 것이다.

한편, 허생은 나라 안 도둑 떼를 정리한다. 변산반도에서 만난 1000여 명의 도둑 떼도 알고 보면 오갈 데 없는 양민들이었다. 그들에게 가정을 꾸리게 하여 무인도에서 소를 키우고 농사를 지으며 살도록 만들어 준다. 이후 허생은 일본에서 쌀을 팔아 번 돈 100만 냥 중 50만 냥은 바다에 버리고, 40만 냥은 온 나라 안을 두루 돌아다니며 불쌍한 백성들을 구제하는 데 썼다. 50만 냥을 버린 것은 나라의 경제 규모가 작아서 그 많은 돈이 쓰일 데가 없고, 지나치게 많은 돈이 풀려 경제를 혼란스럽게 만들 수 있기 때문이었다. 그리고 남은 10만 냥을 변 부자에게 주고 허생은 빈손으로 묵적골 초가로 돌아갔다. 변 부자가 돈을 돌려주려고 하여도 받지 않고, 호구할 만큼의 식량만 받았다. 소설의 마무리에서 허생은 재물을 재앙으로 보며 번 돈을 모두 좋은 일에 희사했으니, 법적으로는 몰라도 인간적으로는 용서가 된다.

오늘날 우리나라에는 허생보다 더 큰 돈을 번 부자들이 많다. 하지만 허생같이 희사할 줄 아는 부자는 드물다. 오히려 어렵게 살아온 사람들이 김밥을 팔아 평생 모은 돈을 대학에 기부하거나 폐지를 주워 모은 전 재산을 고아원에 기부했다는 뉴스를 보면 미안한 마음마저 든다. 정말, 현실에서 허생을 닮은 부자는 없는 걸까? 무슬림의 경우 '희사'는 살면서 평생 지켜야 할 5대 의무 중 하나로 흔한 일인데 말이다.

미국의 세계적인 부자 카네기 재단이 2500여 개의 도서관을 지어 국민들에게 기증했다. 그리고 현재 세계 제일의 부자 빌 게이츠는 그 2500개의 도서관에 있는 모든 자료를 인터넷으로 연결하는 엄청난 일을 했다. 또 록펠러 재단은 해마다 1만 명의 장학생을 키웠고, 그 가운데에서 60여 명의 노벨상 수상자가 나왔다고 한다. 그들은 엄청난 부를 사회로 되돌렸다. 그들의 선행이 강대국 미국을 지지하는 밑거름이 되었다. 우리나라의 많은 부자들이 오로지 자신과 가족만을 위해 부를 쌓으면 쌓을수록 사회사업에 헌신하는 착한 부자들의 마음가짐이 부러울 뿐이다.

오늘날의 거대 재벌은 거대한 공룡과 같은 현대 사회가 만들어 준 것이다. 따지고 보면 사업을 할 수 있는 것도 나라 덕이고 이웃 덕이다. 정부가 국민으로부터 세금 거둬서 전기를 깔지 않고 도로를 내지 않았다면 기업이 어떻게 전자 제품을 만들어 팔아 이익을 얻었겠는가? 또 사람들이 한 대에 수십만 원 하는 휴대폰을 사고, 한 대에 수천만 원 하는 자동차를 타지 않았다면 재산이 수조 원인 재벌은 생겨날 수 없었을 것이다.

오늘날 자본주의 체제가 무너지지 않고 유지되는 데는 부를 사회에 환원하는 착한 부자들의 영향이 크다. 다정한 표정과 따뜻한 온도가 있는 자본주의를 꿈꾸는 착한 부자들이 많아지기를 기대한다.

Ⅲ. 문학 속의 기후와 지형

- 왜 그때 소나기가 내렸을까? 소나기
- 나그네의 겉옷을 벗길 바람은 없을까? 북쪽 바람과 해님
- 연오와 세오는 어떻게 바다를 건넜을까? 연오랑과 세오녀
- 호랑이 시어 칸은 상을 받아야 하는 게 아닐까? 정글 북
- 바다의 주인은 누구일까? 해저 2만 리
- 내가 만약 16번째 소년이었다면? 15소년 표류기

소나기

왜 그때 소나기가 내렸을까?

윤 초시네 증손녀인 소녀가 서울에서 소년이 사는 시골로 내려왔다. 어느 날 개울가에 나타난 소녀. 소녀는 벌써 며칠째 물장난이다. 어제까지는 개울 기슭에서 놀더니, 오늘은 징검다리 한가운데 앉아서 놀고 있다. 징검다리를 지나야만 집에 갈 수 있는 소년은 개울둑에 앉아 말없이 기다리기만 한다. 눈은 소녀를 주시하며…….

"이 바보."

소녀가 갑자기 일어나 징검다리를 뛰어 건너가더니만 홱 돌아서 소년을 향해 하얀 조약돌을 던지며 외치는 것이었다. 단발머리 소녀는 이 한마디를 남기고 저 멀리 사라졌다. 청량한 가을 햇빛 아래로……. 물끄러미 쳐다보던 소년은 하얀 조약돌을 집어 주머니에 넣었다. 다음 날부터 개울가에서 소녀의 모습을 볼 수 없었다. 다행인 줄 알았는데 소녀가 뵈지 않는 날부터 소년은 자기도 모르게 소녀를 찾고 있었다. 보고 싶은 마음이 커질수록 주머니 속 조약돌을 주무르면서…….

다시 며칠이 지나고 오전 수업을 하는 토요일이었다. 한동안 보이지 않던 소녀가 개울가에 앉아 물장난을 하고 있었다.

모르는 척 징검다리를 건너기 시작했다. 얼마 전에 소녀 앞에서 한 번 실수를 했을 뿐, 여태 큰길 가듯이 건너던 징검다리를 오늘은 조심스럽게 건넌다.

"얘."

못 들은 척했다. 둑 위로 올라섰다.

"얘, 이게 무슨 조개지?"

자기도 모르게 돌아섰다. 소녀의 맑고 검은 눈과 마주쳤다. 얼른 소녀의 손바닥으로 눈을 떨구었다.

"비단조개."

"이름도 참 곱다." _781쪽

이렇게 대화가 시작되었고, 둘은 길이 갈라지는 곳까지 함께 걸었다. 얼마나 지났을까? 소년과 소녀 앞에 아쉬움의 갈림길이 나타났다.

"너, 저 산 너머에 가 본 일 있니?" 벌 끝을 가리켰다.
"없다."
"우리 가 보지 않으련? 시골 오니까 혼자서 심심해 못 견디겠다."
_782쪽

소녀의 부탁으로 둘은 세상에서 가장 짧은 여행을 시작한다. 한참을 가다 따가운 가을 햇살에 무르익어 가는 논을 지나다 허수아비 줄을 흔들어 대고, 들국화, 싸리꽃, 도라지꽃…… 소년은 소녀의 품 가득히 꽃도 따 준다. 아주 짧은 시간이지만 소녀는 세상에서 가장 행복한 시간을 보내고 있었다. 산마루를 넘어가는 소년과 소녀의 머리 위로 따가운 가을 햇살이 더욱 짙었다. 그러다 소녀가 비탈진 곳에서 꽃을 꺾다가 그만 미끄러지고 말았다. 소녀의 오른 무릎에 핏방울이 내맺혔다. 소년은 저도 모르게 생채기에 입술을 가져다 대고 빨기 시작했다. 그리고 송진을 구해 생채기에다 문질러 줬다.

돌아오는 길에 산마루를 넘는데 소나기가 쏟아졌다. 굵은 빗방울을 퍼붓더니 금세 그쳤다. 도랑을 건너야 하는데 물이 크게 불어 있었고, 소녀는 소년의 등에 업혀 도랑을 건넜다. 그다음 날부터 소녀가 다시 뵈지 않았다. 매일같이 개울가로 달려가 봐도 뵈지 않았다. 얼마 후 소년은 소녀를 만났다. 여윈 모습의 소녀는 추석이 지나고 이사를 간다는 것이었다. 하지만 이사도 가기 전에 소녀는 세상을 떠나고 말았다. 약도 변변히 못 써 보고, 소녀가 죽었다.

이 소설은 사춘기에 누구나 겪을 수 있는 첫사랑에 대한 이야기다. 그런데 이 이야기를 읽으면 꼭 이런 느낌이 들곤 한다. 마치 소년과 소녀가 살던 마을이 내가 어릴 적 살았던 마을 같고, 그게 아니어도 분명 한 번쯤은 가 본 적이 있는 곳 같다는 느낌. 아마 이런 것이 문학의 힘이 아닐까? 그리고 또 한 가지, 아픈 소녀에게 퍼부었던 소나기와 금방 불어난 개천이 너무 원망스럽다.

왜 하필 그때 소나기가 내렸을까?

대류성 강수 '소나기'

"어서들 집으로 가거라, 소나기가 올라."

참, 먹장구름 한 장이 머리 위에 와 있다. 갑자기 사면이 소란스러워진 것 같다. 바람이 우수수 소리를 내며 지나간다. 삽시간에 주위가 보랏빛으로 변했다. 산을 내려오는데 떡갈나무 잎에서 빗방울 듣는 소리가 난다. 굵은 빗방울이었다. 목덜미가 선뜩선뜩했다. 그러자 대번에 눈앞을 가로막는 빗줄기. _785~786쪽

눈앞이 잘 안 보일 정도로 굵은 빗줄기가 쏟아졌고, 소년과 소녀는 급히 원두막으로 피했다. 하지만 원두막은 비가 샜다. 소년은 마른 수숫단을 날라다 덧세워서 세상에서 가장 작은 집을 만들었다. 수숫단 집은 어둡고 좁을 뿐이지 비는 새지 않았다. 얼마나 지났을

까? 소란하던 빗소리가 뚝 그치더니 밖이 훤해졌다. 이렇게 소나기는 소년의 애간장을 녹이고, 소녀의 입술을 파랗게 질리게 하며 지나갔다. 소녀는 소나기 때문에 더 아팠지만 소나기 때문에 죽은 것은 아니었다. 몰락한 양반의 자식으로 몹쓸병을 앓고 있으면서도 병원을 가지 못해 죽음이 다가온 상태였다. 그렇다고 해도 토요일 오후 그날 갑자기 내린 소나기는 원망스럽다.

소나기는 대체 어떤 비일까? 소나기는 대류성 강수다. 대류란 땅에 있던 물이 하늘로 증발해 올라가서 무거운 소나기구름을 만들고 다시 비가 되어 땅으로 내리는 현상이다. 대류가 활발히 일어나려면 뜨거운 대낮(오후 2~4시)이 좋다. 아마 소년이 오전 수업을 한 토요일이니 하루 중 땅이 가장 뜨거울 때였을 것이다. 소나기는 대류 현상이 잘 나타나는 무더운 여름에 자주 내리고, 뜨거운 봄날이나 가을날에도 가끔 내린다. 아침만 해도 하늘이 말갰는데 갑자기 먹구름이 끼고 '우르르 쾅쾅!' 쏟아지는 비가 소나기이다. 아마 우산 장수가 가장 좋아하는 비는 바로 소나기일 것이다. 그러니 소년이 소나기가 내릴지 몰랐던 것도, 소나기가 내릴 때 수숫단 속에서 잠시 비를 피해 볼 생각을 한 것도 모두 소나기의 특성 때문이다.

속담을 통해서도 우리 조상들은 소나기가 어떤 비인지 알려 줬다. '여름 소나기는 밭고랑을 두고 다툰다.' 이 말은 소나기가 불규칙하게 내리고, 좁은 지역에 내린다는 뜻이다. 소나기가 내려 학교 운동장이 다 비에 젖는데도 한쪽 구석의 농구장만은 멀쩡할 수 있다는 것이다. 이와 비슷한 속담이 몇 개 더 있다. '여름 소나기는 콧 등을 두고 다툰다.', '오뉴월 소나기는 닫는 말(또는 노루) 한쪽 귀는 젖고 한쪽 귀는 안 젖는다.', '오뉴월 소나기는 소 등을 두고 다툰다.', '오뉴월 소나기는 지척이 천리이다.' 등이다.

대류성 강수는 습하고 뜨거운 곳에서 잘 나타난다. 아마존이나 콩고 우림 같은 열대 지역을 가면 이런 소나기가 거의 매일 내린다. 열대는 가장 추운 달도 평균 기온이 18°C를 넘는 곳이다. 종일 해를 받아 데워진 땅에서는 쉼 없이 수증기가 증발하고, 오후가 되면 하늘에는 잔뜩 부풀어 오른 먹구름이 땅으로 떨어질 듯 매달려 있다가 '우르르 쾅쾅!' 여지없이 비로 내린다. 이때는 바람도 심하게 분다. 하지만 한두 시간이 지나면 거짓말처럼 파란 하늘을 보이며 비가 뚝 그친다. 그리고 하늘 한쪽에 예쁜 무지개를 보이기도 한다.

왜 개울물이 금방 불어났을까?

우리나라 하천의 특징

소란하던 수수 잎 소리가 뚝 그쳤다. 밖이 멀게졌다. 수숫단 속을 벗어 나왔다. 멀지 않은 앞쪽에 햇빛이 눈부시게 내리붓고 있었다. 도랑 있는 곳까지 와 보니, 엄청나게 물이 불어 있었다. 빛마저 제법 붉은 흙탕물이었다. 뛰어 건널 수가 없었다. 소년이 등을 돌려 댔다. 소녀가 순순히 업히었다. 걷어 올린 소년의 잠방이까지 물이 올라왔다. 소녀는, '어머나' 소리를 지르며 소년의 목을 끌어안았다. _786쪽

소나기는 짧은 시간 내리는 비인데, 왜 소녀가 혼자 건너지 못할 정도로 개울물이 금방 불어났을까? 개울은 산골짜기나 들에 좁게 흐르는 물줄기이다. 개울물이 금방 불어난 것은 그곳의 하천 지형과도 관계가 깊다. 우리나라는 산이 많아 산과 산 사이가 별로 넓지 않다. 그래서 평야도 좁고, 개울의 폭도 좁다. 따라서 소나기가 쏟아지면 산을 타고 내려온 물이 금방 개울로 흘러들고, 폭이 좁고 얕은 개울은 수위가 금방 높아지며 물살이 빨라진다. 우리나라에서 뱃길이 발달하지 못한 이유 중 하나도 이런 하천 지형의 특징 때문이다.

"내가 죽거든 지금 입던 옷을 꼭 그대로 입혀서 묻어 주세요." 이 말은 소녀가 유언으로 남긴 말이다. 그 옷은 갑자기 불어난 개울을 건너며 소년의 등에 업혔을 때 흙물이 옮은 옷이다. 소녀가 소년을 얼마나 좋아했는지를 알 수 있는 말이다. 첫사랑 이야기를 다룬 「소나기」에서 슬픔이 최고조에 달하는 대목이기도 하다.

두 강물이 만나듯 소년과 소녀가 만났다

두물머리

개울물은 날로 여물어 갔다.

소년은 갈림길에서 아래쪽으로 가 보았다. 갈밭 머리에서 바라보는 서당골 마을은 쪽빛 하늘 아래 한결 가까워 보였다.

어른들의 말이, 내일 소녀네가 양평읍으로 이사 간다는 것이었다. (……) 소년은 저도 모르게 주머니 속 호두알을 만지작거리며 한 손으로는 수없이 갈꽃을 휘어 꺾고 있었다. _789쪽

소년은 소녀가 양평으로 이사를 간 후 거기서 조그마한 가겟방을 하게 되면, 그때 보게 되리라 믿었다. 하지만 이사도 가기 전에 소녀는 세상을 떠났다.

'양평읍으로 이사 간다'는 소설의 한 구절로 보아 소년과 소녀가 만난 곳은 양평 쪽인 것으로 보인다. 오늘날의 양평은 서울 동쪽에 있는 도시로 전원주택이 많이 들어서 있는 곳이다. 서울 사람들 중에는 양평에 전원주택을 짓고 살았으면 하는 사람들이 꽤 많다. 하지만 「소나기」가 발표된 1959년 무렵 양평은 대부분이 전기조차 들어오지 않는 깡촌이었다.

한편, 지도에서 양평을 찾아보면 소년과 소녀는 하늘이 맺어 준 인연이란 생각이 든다. 바로 두물머리 때문이다. '두물머리'란 2개의 물이 만난다는 뜻으로, 여기서 2개의 물은 남한강과 북한강이다. 남한강은 강원도 태백의 검룡소에서 발원하여 남쪽으로 내려가 충청도 충주를 돌아 경기도 양평으로 온다. 또 북한강은 강원도 금강산에서 발원하여 춘천을 지나 양평으로 온다. 서로 다른 곳에서 시작한 강이 서로 다른 곳을 흘러서 두물머리로 온다. 마치 시골에서 태어나 살아온 소년과 서울에서 태어나 자란 소녀처럼 말이다. 두물머리에서 만난 물은 하나의 한강이 되어 서울의 강남과 강북 사

이를 지나 인천 앞바다로 흘러 나간다.

양평에는 실제 '소나기 마을'이 있다. 2009년에 「소나기」의 작가 황순원을 기리는 사람들이 뜻을 모아 만든 마을이다. 소나기 마을 역시 소설 「소나기」에 '소녀네가 양평읍으로 이사 간다'는 대목을 근거로 양평군 서종면 수능리에 만들었다. 두물머리에는 400살도 넘은 느티나무가 물살을 지켜보고, 강가를 따라 기와 담장과 흙길이 나란히 달린다.

옛날에 두물머리는 '두머리'로 불렸으며, 먼 길을 오가는 사람들의 쉼터이자 강원도 산골에서 연료나 목재를 싣고 온 뗏목이 쉬어 가는 포구였다. 그러나 1973년 팔당 댐이 생기면서 두물머리를 거쳐 서울로 드나들던 뱃길이 끊기게 되었다.

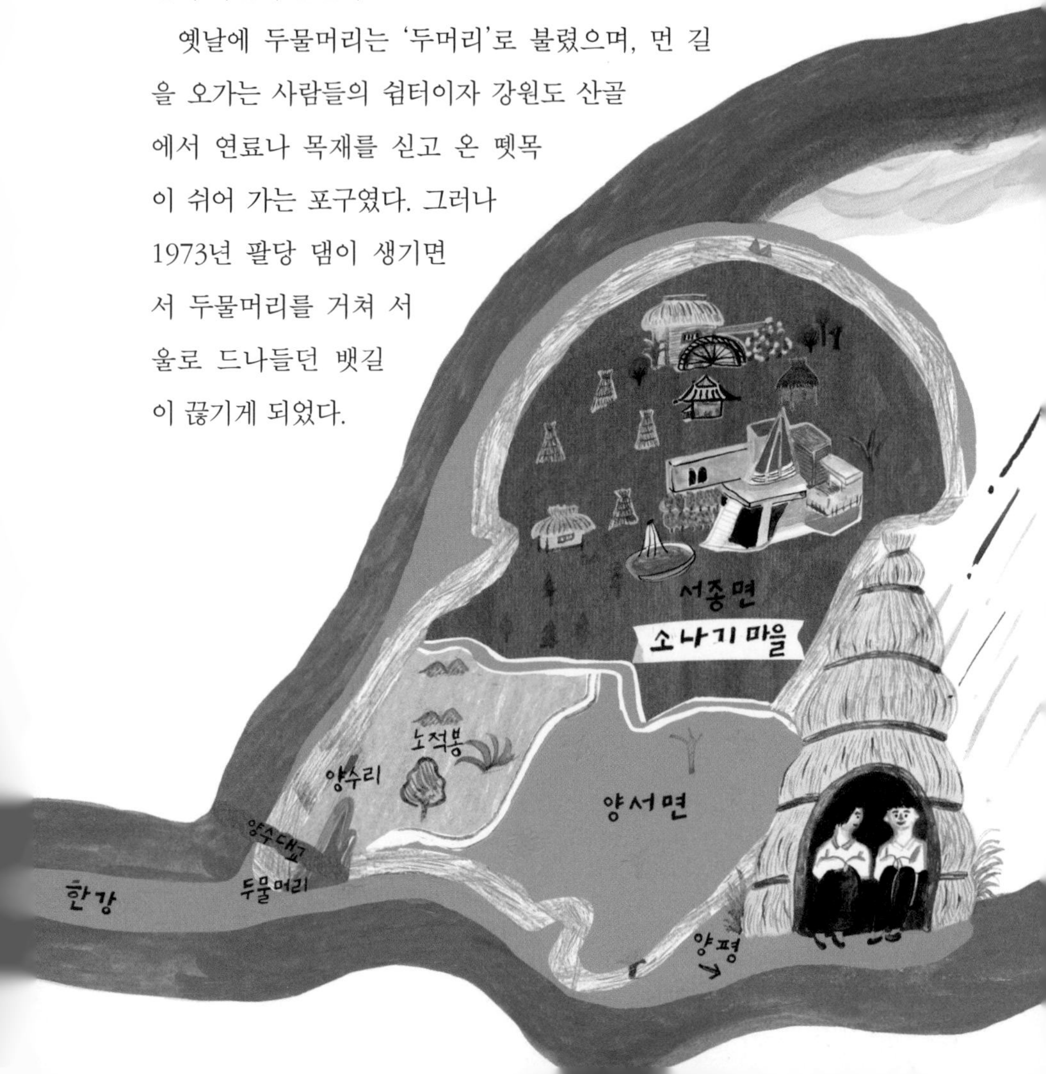

게다가 이곳은 서울 사람들의 식수원으로 상수원 보호 구역이 된 후 황포 돛대를 단 배가 다닐 수 없게 됐다. 하지만 오늘날 두물머리는 옛날보다 더 많은 사람들이 찾는 장소이자 드라마 촬영지가 되었다. 소설 속이지만 소년과 소녀가 남긴 아름다운 사랑 이야기가 두물머리를 첫사랑의 랜드마크로 바꾼 것이다.

북쪽 바람과 해님

나그네의 겉옷을 벗길 바람은 없을까?

"윙윙! 이 세상에서 힘이 가장 센 건 나야. 윙윙……."

북쪽 바람은 힘자랑을 했습니다.

"무슨 소리를 하는 거야? 내 힘이 네 힘보다 더 세다."

해님도 지지 않고 말했습니다.

"누구의 힘이 센지, 내 망토를 벗겨 보세요."

길을 가던 나그네가 말했습니다. (……)

북쪽 바람은 나그네를 향해 힘껏 바람을 불었습니다.

"아이고 추워, 아이고 추워라!" 나그네는 바람이 세게 불면 불수록 더욱더 망토를 움켜잡았습니다.

"망토를 못 벗기다니 내 힘도 별게 아니로구나!" 북쪽 바람은 코가 쑥 빠졌습니다. (……)

해님은 뜨겁게 햇볕을 비췄습니다.

"아이고, 더워라! 망토를 입고 가다가는 더위에 쪄 죽겠다. 아! 더워 ……."

나그네는 망토를 벗었습니다. _20쪽

북쪽 바람과 해님의 힘겨루기에서는 나그네 스스로 옷을 벗게 한 해님이 이겼다. 이런 해님의 지혜가 남긴 교훈은 정치나 교육 등에 자주 인용된다. 우리나라 제15대 김대중 대통령은 해님의 지혜를 빌려와 햇볕 정책을 펼쳤고, 교육학자 루소는 "식물에게 해가 필요하듯 인간이 성장하려면 칭찬이 필요하다."라고 했다.

짧은 이야기이지만 이 동화 속에는 재밌는 지리 내용이 담겨 있다. 나그네에게 심술을 부린 저 무분별한 북풍은 도대체 어떤 바람이며, 정말 바람은 나그네의 겉옷을 벗길 수 없는 것일까? 또 세계적으로 해님의 지혜를 이용한 사례에는 어떤 것이 있을까?

북쪽 바람, 넌 누구니?...

세계의 한랭풍

나그네의 겉옷을 벗길 수 있다며 자신감에 넘치던 북쪽 바람의 정체는 뭘까? 사실 정확히 알 수는 없다. 다만 바람은 불어오는 쪽에 맞춰 이름을 붙이니까, 북쪽 바람은 북쪽에서 남쪽으로 부는 바람, 곧 북풍이다. 그런데 동화 속 나그네를 보면 북쪽 바람이 불 때 추워서 벌벌 떨고, 또 겉옷이 벗겨질까 봐 겉옷을 더욱 움켜잡는다. 이런 것으로 보아 북쪽 바람은 강하게 부는 찬 한랭풍이다. 한랭풍은 찬 공기로 덮인 높은 산지에서 낮은 곳으로 부는 바람이거나 극 가까운 고위도에서 저위도로 부는 바람이다.

세계 곳곳에서 한랭풍을 찾아보자. 우선 높은 산지에서 부는 바람으로는 유럽 디나르 알프스 산지에서 남쪽의 아드리아해로 부는 보라, 프랑스 중앙 고원에서 남쪽의 지중해로 부는 미스트랄이 있다. 북극 가까운 고위도에서 시작되는 한랭풍으로는 미국 중앙 대

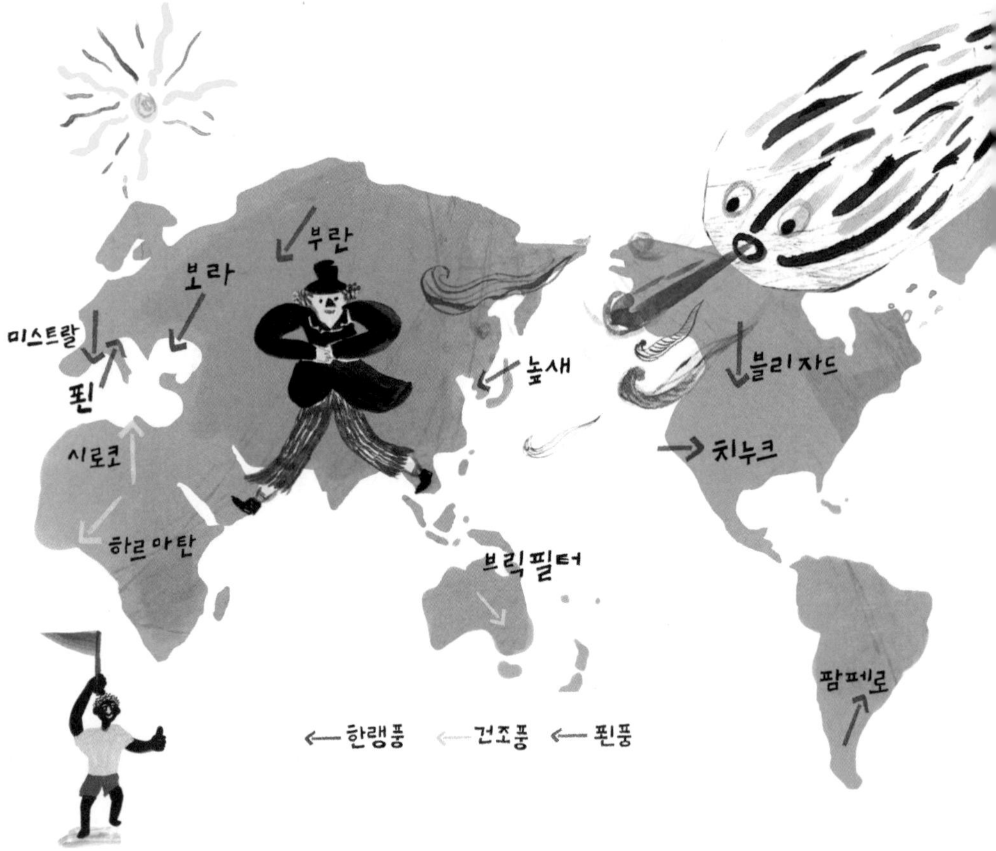

평원으로 불어 내려가는 블리자드, 시베리아 중앙 대평원으로 부는 부란 등이 있다. 특히 보라와 블리자드는 눈보라를 일으키며 불기 때문에 눈보라풍이라고도 한다.

추측해 보건대 '북쪽 바람과 해님' 이야기가 고대 그리스 우화 작가인 이솝의 이야기에 나오기 때문에 이 바람은 지중해로 불어오는 미스트랄이나 보라가 아닐까 한다. 신기하게도 미스트랄과 보라는 모두 '북풍'이란 뜻의 그 지역 말이다.

미스트랄은 늦겨울이나 초봄, 프랑스의 중앙 고원에서 론 강 계곡을 따라 지중해 연안의 리옹 만 쪽으로 불어 내리는 차고 건조한 바람이다. 북쪽의 찬 기운이 남쪽으로 계곡을 따라 불 때면 론 강 하류에서는 풍속이 초당 30~40m에 이를 때도 있다. 그래서 론 강 하류와 하구의 주민들은 방풍림을 심고, 정원에는 두꺼운 담장을 설치하고 창문은 작게 냄으로써 바람 피해에 대비하고 있다.

보라는 겨울이면 헝가리의 고원에서 이탈리아 동쪽의 아드리아해로 부는 차고 건조한 바람이다. 특히 보라는 북풍의 대명사로 불릴 만큼 유명하다.

한편, 지구에는 미운털 박힌 북풍이 곳곳에 있다. 전 세계적으로 대부분 북풍은 매우 차고, 두렵고, 부정적인 모습으로 그려진다. 아일랜드 속담에 '북풍이 불 때는 낚시를 가지 마라. 잉어가 아니라 감기를 낚을 테니.'라는 것이 있다. 우리나라에도 '된바람이 불 때는 배를 띄우지 마라.'는 속담이 있다. 된바람은 뱃사람들이 북풍을 이르는 말이다. 그리스 신화에서 북풍의 신 '보레아스'는 바다를 둘

바람의 등급

⊙실바람 가장 여린 바람. 초속 0.3~1.5m. 연기가 풀려서 오르고, 해면은 물고기 비늘 모양의 잔물결이 일어남.

⊙남실바람 바람이 얼굴에 느껴지고 나뭇잎이 살랑거리며 풍향계가 움직이고, 해면은 잔물결이 뚜렷이 일어남.

⊙산들바람 나뭇잎과 잔가지가 일정하게 흔들리고 깃발이 가볍게 나부끼며, 해면은 군데군데 흰 물결이 생김.

⊙건들바람 먼지가 일고 종잇장이 날며, 나무의 잔가지가 움직임.

⊙흔들바람 잎이 있는 작은 나무가 흔들리기 시작하며, 호수에 작은 물결이 생김.

⊙된바람 초속 10.8~13.8m. 큰 나뭇가지가 흔들리고 전깃줄에서 소리가 나며, 우산을 쓰기 어렵고, 해면은 큰 물결이 일기 시작함.

⊙센바람 큰 나무 전체가 흔들리고 바람을 향해 걷기가 힘들며, 해상에는 파도가 점점 거칠게 일어나 물마루가 부서짐.

⊙큰바람 작은 나뭇가지가 꺾이고 걷기가 힘들며, 해상에는 풍랑이 높아지고 물보라가 일어남.

⊙큰센바람 초속 20.8~24.4m. 굴뚝 뚜껑과 슬레이트가 날아가는 등 약간의 건물 피해가 일어나며, 해상에는 풍랑이 높아지고 물보라가 소용돌이침.

⊙노대바람 내륙에서는 아주 드물게 나타나는 것으로, 나무가 뽑히고 건물의 피해가 꽤 발생하며 물거품으로 해면이 온통 하얗게 보임.

⊙왕바람 경험하기 힘들 만큼 몹시 거칠고 거센 바람으로 넓은 지역에 걸쳐 피해가 발생되고, 해상에는 산더미 같은 파도가 일며 시계(視界)가 제한됨.

⊙싹쓸바람 초속 32.7m 이상. 격심한 피해를 보게 되며 해상은 물거품과 물보라로 덮여 온통 하얗게 되고 배가 침몰할 염려가 있음.

러엎고 떡갈나무를 뿌리째 뽑아 날리고, 눈보라로 세상을 얼리는 성질 사나운 신으로 그려진다. 또 유럽에서는 북풍이 죽음이나 부부 싸움을, 러시아에서는 우울과 어두움을 가져온다고 생각한다. 그런가 하면 한술 더 떠서 북풍을 악이라 여기는 영국 교회나 일본인들은 북문을 '악마의 문'이나 '악령의 대문'이라 한다. 우리나라도 비슷해서 조선에서는 음침한 바람이 분다고 하여 북문(숙청문)은 절대로 열지 않았다. 하지만 더운 나라인 이집트에서는 북풍을 '달콤한 바람의 황제'라 부른다고 한다. 힘겨루기에서 진 북풍은 이집트로 가서 살면 행복할 듯하다.

나그네의 겉옷을 벗길 수 있는 바람은 없을까?

푄

동화 속 북쪽 바람이 호들갑을 떠는 바람에 사람들의 머릿속에 '바람은 절대 나그네의 겉옷을 벗길 수 없는 존재'로 각인되어 버렸다. 하지만 해님처럼 나그네 스스로 옷을 벗게 할 수 있는 바람이 있다. 바로 유럽의 '푄'이다. 푄은 지중해에서 불어와서 스위스 오스트리아 알프스 산지를 넘어 반대쪽 사면 산 아래로 부는 바람이다. 봄이면 산 정상부의 눈을 녹여 산 아래 마을에 홍수를 내기도 한다. 푄은 바람받이(風上) 쪽으로 불어 올라갈 때에는 수증기를 응결시켜 비나 눈을 내리게 한다. 이때 수증기가 응결하는 것은 고도가 100m 높아질 때마다 기온이 0.5~0.6℃씩 내려가기 때문이다. 그러나 푄은 산을 넘으면 얼굴을 바꾼다. 바람그늘(風下) 쪽에서는 습했던 바람이 건조한 바람으로 바뀌고, 고도가 100m 낮아질 때마다 1℃씩 기온이 올라간다. 쉽게 말하면, 푄이 1000m의 산을 넘으면 산 반대편(바람그늘 쪽) 지역의 기온을 5~6℃ 올린다는 뜻이다.

푄처럼 신기한 바람은 유럽의 알프스뿐 아니라 전 세계적으로 아주 많이 존재한다. 푄 현상은 습한 바람이 높은 산지를 넘으면 나타나는 현상이니까! 예를 들면, 아메리카의 로키 산맥을 서쪽에서 동쪽으로 넘어 부는 치누크와 우리나라의 늦봄에 동해에서 태백 산지를 넘어 서쪽 지방으로 불어 내리는 높새바람이 유명하다. 그럼 높새바람이 어떻게 사람들의 겉옷을 벗기는지 보자.

4월 말부터 5월이면 우리 땅에도 높새바람이 온다. 이때는 아침저녁으로는 쌀쌀하기 때문에 아직은 긴팔 옷이나 봄 점퍼를 입을 때다. 한낮이 된다고 해도 20℃가 채 안 되기 때문에 반팔 옷을 입

기에는 서늘하다. 하지만 높새바람이 불 때면 한반도 서쪽은 마치 여름을 맞이한 것처럼 변한다. 서쪽이라면 평안도, 황해도, 경기도, 충청도, 전라도 지방을 말하는데, 여기서는 태백산맥 서쪽의 강원도와 경상도 땅도 포함된다. 늦은 봄이지만 높새바람이 부는 날 동해안은 14~15℃ 정도로 서늘하기까지 하다. 하지만 서쪽 지방인 서울은 도시열까지 합쳐져 한낮 온도가 27~28℃까지 오른다. 그러면 많은 사람들이 아침에 입고 나갔던 점퍼를 벗어 들거나 어깨에 두르고 다닌다. 어떤 사람은 5월에 여름이 왔다고 하는데, 그렇다고 해서 진짜 여름이 온 것은 아니다.

세계에서도 따뜻한 해가 세상을 바꿨다

역사 속 햇볕 정책

해님이 나그네의 겉옷을 벗기는 것을 보고, 많은 정치인들이 벤치마킹했다. 노벨 평화상을 받은 김대중 대통령의 햇볕 정책 역시 해님을 벤치마킹한 것이다. 북한의 철통 같은 빗장을 풀기 위해 금강산 관광, 이산가족 상봉, 식량과 비료 지원 등 여러 가지 햇볕 정책을 많이 시도했다. 다시 남북한이 차갑게 대립하고 있는 현실에서 당시 햇볕 정책이 남한과 북한에 얼마큼의 이익을 가져왔는지를 명확히 계산하기는 어렵다. 하지만 분명한 것은 한반도가 전쟁의 위험에서 벗어나 평화의 땅으로 변할 가능성을 보았다는 사실이다.

이런 사례는 더 있다. 제2차 세계 대전 후 세계는 미국과 소련에 의해 두 세력으로 나누어졌다. 하나는 자본주의를 바탕으로 하고 다른 하나는 사회주의를 바탕으로 한, 서로 적대적인 세계였다. 미국과 소련이 만들어 낸 이 적대적이고 냉랭한 시대를 냉전 시대라고 하는데, 이는 1990년까지 이어졌다. 두 나라는 서로를 이기기 위해 경쟁적으로 무기를 만들었다.

1957년 소련이 최초로 유인 우주선을 하늘로 쏘아 올리자 미국은 깜짝 놀랐다. 경제든 군사력이든 과학이든 뭐든지 소련에 앞서간다고 자부했던 미국인데 유인 우주선을 소련이 먼저 쏘아 올린 것이다. 미국은 교육 체제까지 들먹이며 나라 전체를 바꿔야 한다고 열을 올렸다. 그래서 학교도 인간 중심의 교육에서 학문 중심으로 바뀌었다.

이처럼 두 나라는 극단적인 냉전 체제를 유지하면서 핵무기를 포함해서 경쟁적으로 무기를 만들어 내고 또 개발했다. 핵무기는 폭탄 하나로 도시 전체를 날려 버릴 수 있는 무서운 무기다. 핵무기는 핵분열이나 핵융합의 원리를 이용하는 것으로 핵분열 무기는 원자폭탄, 핵융합 무기는 수소 폭탄이라고도 한다. 그러다 1970년대 중반, 경제 협력과 교류를 중시하는 해를 닮은 데탕트(프랑스어로 완화, 휴식을 뜻한다)정책으로 미국이 생각을 바꿨다. 시대적으로 중국, 일본, 독일(당시 서독)이 또 하나의 중심으로 부상하는 상태에서 별 효과도 없는 이념 전쟁보다는 현실적으로 국익에 보탬이 되는 길을 찾은 것이다. 물론 소련의 아프가니스탄 침공(1979)으로 데탕

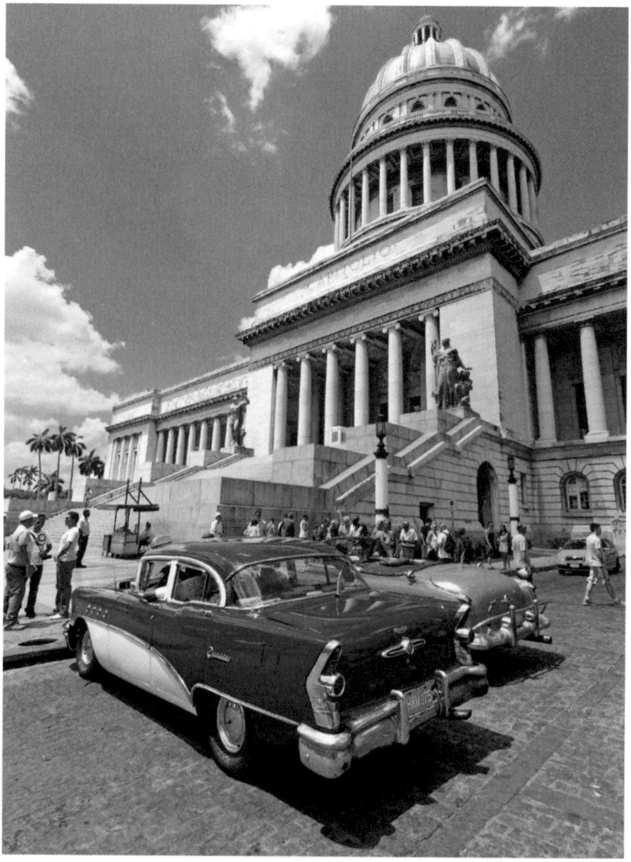

● 아바나 시청 앞의 클래식 자동차들

쿠바는 1962년부터 미국의 경제 봉쇄로 고립되었기 때문에 새로운 자동차가 들어오지 않아 클래식 자동차들이 거리의 명물이 되었다.

트 분위기는 한 방에 사라졌지만…….

그러나 1980년대 들어 다시 신데탕트 분위기가 만들어졌고, 그 따스한 햇살은 동부 유럽 사회주의 정권의 붕괴와 함께 1990년 거대한 공룡 소련을 무너뜨렸다. 세계에서 가장 넓은 영토를 가진 나라, 200여 개의 소수 민족이 있는 나라, 미국과 맞짱 뜰 수 있는 유일한 나라 소련이 총 한 방 쏘지 않았는데 붕괴되었다. 생산량과 생산 체계 등을 나라에서 정하는 계획 경제의 모순과 지속적으로 분리 독립을 요구하는 소수 민족 문제 등이 햇볕에 의해 사회주의 연방 체제를 무너뜨리는 더욱 강력한 폭탄으로 변한 것이다.

미국과 중국, 미국과 베트남의 관계도 마찬가지다. 전쟁 범죄 국가로 낙인을 찍고 적대시했을 때 이 나라들은 미국과 대치하고 강하게 버티었다. 하지만 미국과 외교 관계가 정상화되고 교류와 개방을 한 후 무역량이 늘고, 국가 정상들이 오고 가는 관계로 바뀌었다. 오늘날 중국과 베트남은 빠르게 발전하고 있다. 공산주의는 문을 열고 햇볕을 쬐면 약해지고 찬 바람을 쐬면 문을 닫고 오히려 강해졌다. 소련, 중국, 베트남을 통해서 깨닫게 된 사실이다.

하지만 미국은 쿠바에게는 아직도 냉랭한 바람을 보내고 있다. 1960년 이후 미국은 사회주의 정권이 들어선 쿠바를 40년 동안 봉쇄하고 압박했다. 그래도 쿠바의 사회주의 정권은 무너지지 않고 굳세게 버티었다. 그 대가로 1990년 이전까지는 소련으로부터 매년 40억~60억 달러의 보조금을 받았다. 소련 붕괴로 쿠바 정부는 더욱 힘겨워졌지만 쿠바 국민의 가난한 삶을 담보로 지금까지 버티고 있다.

그런데 최근 들어 쿠바에서도 햇볕의 위력이 나타날 조짐이 보인다. 2009년, 오바마 미국 대통령은 쿠바에 가족을 둔 미국인들의 쿠바 방문을 허용하고 쿠바로 돈을 못 보내게 했던 '송금 제한' 조치도 철폐했다. 현재 매년 50억 달러(약 5조 5600억 원)의 돈이 미국에서 쿠바로 건너가고 있다. 이에 따라 쿠바 내의 부동산 거래가 늘고, 180여 개의 자영업이 허용(2010)되고, 해외여행까지 자유화(2013)되었다. 어쩌면 조만간 쿠바가 사회주의의 망토를 벗어던지는 날이 올지도 모르겠다.

연오랑과 세오녀

연오와 세오는 어떻게 바다를 건넜을까?

서기 157년, 신라 제8대 아달라왕 4년 때 일이다. 동해 바닷가에 연오와 세오 부부가 살았다. 연오는 바닷가에서 바위를 타고 일본 땅으로 건너갔고, 거기에서 왕이 되었다. 세오 역시 얼마 후 바위를 타고 일본으로 건너가 왕후가 되었다. 그런데 이때 신라에서는 해와 달이 사라지는 기이한 일이 생겼다.

"이 일을 어찌하면 좋은고?"

임금님은 여러 신하들을 불러 놓고 의논을 했습니다.

"아무래도 신라에 있던 해와 달의 정기가 일본으로 떠났기 때문인 것 같습니다."

세상일을 널리 아는 신하가 대답했습니다.

"그게 무슨 말인고?"

"네, 해의 정기를 가진 연오랑과 달의 정기를 가진 세오녀가 우리 나라 바닷가에 살다가 일본으로 떠나게 되었는데, 그 뒤부터 우리 나라에는 해와 달이 뜨지 않습니다." _32쪽

해를 관찰하는 이가 왕께 이렇게 아뢰니, 왕은 신하를 일본 땅에 보내 연오랑과 세오녀를 찾게 되었다. 하지만 이미 일본의 왕이 된 연오랑은 다시 돌아갈 수가 없었다. 그래서 세오녀가 짠 비단을 주며, 이 비단을 높이 걸어 놓고 하늘에 제사를 드리면 해와 달이 다시 뜰 것이라 일러 줬다. 신라의 신하가 돌아와 제사를 지내고 나니 해와 달이 다시 빛을 찾았다는 것으로 이야기는 끝이 난다.

이 이야기는 다소 황당하기는 하다. 바위가 바다를 건너고, 해와 달이 빛을 잃고 사라지는 일은 현대 과학으로 설명하기가 쉽지 않다. 하지만 그렇다고 해서 마냥 허황된 이야기인 것만은 아니다. 어느 정도는 역사적인 사실과 기록물에 기초하고 있으니 말이다. 그러면 이 이야기를 좀 더 지리적으로 들여다볼까?

연오와 세오는 과연 어떤 존재였을까?

동해의 바닷가에 살던 부부가 어느 날 바다를 건너 일본에 가서

왕이 됐다는 것을 글자 그대로 믿기는 어렵다. 왕이 될 정도라면 이들이 평범한 어부는 아니었을 것이라고 생각된다. 어쨌든 약 1900년 전 이야기이다 보니 이런저런 설이 많다.

이 설화는 『삼국유사』에 나온다. 여기서 '유사'(遺事)에는 두 가지 뜻이 있다. 하나는 '버려진 일', 즉 왕이나 귀족들한테 외면당한 일반 서민들의 이야기, 다른 하나는 '빠지거나 남은 일', 즉 정부에서 편찬한 역사서에서 빼놓은 이야기를 의미한다.

역사는 '사실' 자체가 아니라 '사실에 대한 이해 또는 인식'이다. 사실은 일어난 일이고, 역사는 기록된 일이다. 사실과 역사 사이에는 사관(史官)이라는 역사서 편찬자가 개입한다. 어느 때 어느 곳에서 일어난 일이든 그 일은 일어나자마자 사라진다. 다만 누군가가 특정한 관점에서 특정한 방식으로 서술한 기록이 남을 뿐이다. 이 이야기는 그런 점을 염두에 두고 이해해야 할 것 같다.

먼저 연오와 세오의 이름에 들어가는 '오'(烏)는 태양을 상징한다. 고대인들은 해 속에 세 발을 가진 까마귀, 곧 삼족오(三足烏)가 있다고 믿었다. 삼족오는 초자연적인 숭배의 대상이고, 삼족오를 뜻하는 말이 이름에 들어가 있는 연오와 세오는 제사

고구려 고분 각저총의 삼족오

장이자 통치자였다는 주장이다. 그러니까 연오와 세오는 정치적·종교적 지도자로서 당시 가야의 한 부족을 이끌고 있었고, 신라가 침략해 오자 일본으로 탈출했다는 것이다. 실제로 신라는 영토를 확장하기 위해 지속적으로 가야 지역을 침략했으며, 562년에 완전히 정복했다.

한편, 연오와 세오는 '광명'을 의인화한 것이란 주장도 있다. 다시 말해 철기 문화가 발달한 가야에서 부족장이 제철 기술자들을 데리고 일본으로 갔기 때문에 대장간의 불꽃이 사라졌음을 뜻한다는 것이다. 또 '세오녀'의 '세'(細)는 '옷을 짠다'는 의미로 직조 기술도 일본으로 건너갔음을 말한다고 한다. 비단은 고대와 중세 내내 아주 귀한 물건이었고, 그 자체가 문명을 상징한다. 신라의 왕은 지금의 포항시 오천읍 용덕리 일월지에서 제사를 지내고 근처에 곳간을 마련해서 비단을 보관했다고 한다.

연오랑 세오녀의 출발지와 도착지는 어디일까?

"그럼, 어서 제사 지낼 준비를 하여라."

동쪽 바다를 향해 비단이 높이 걸리고 향이 피워졌습니다. 임금님이 앞으로 나와 절을 했습니다. 그때였습니다.

"야, 동쪽 하늘이 밝아 온다!" (……)

날이 저물자 달이 떴습니다.

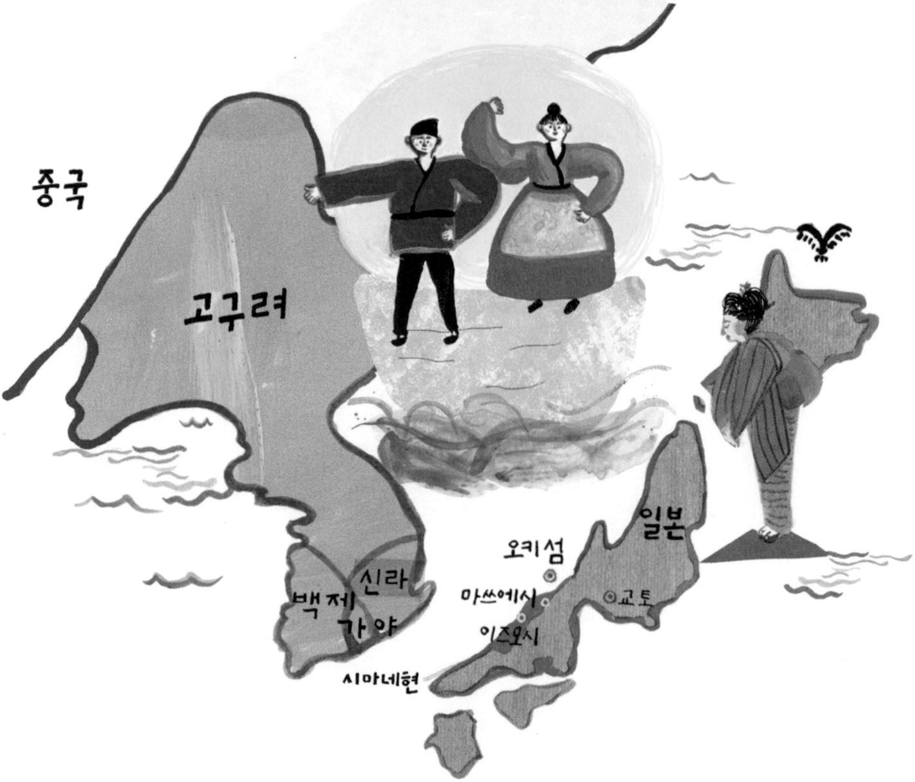

"야, 달이다! 둥글고 예쁜 우리 달님이다!" (……)

연오랑과 세오녀는 흐뭇한 미소를 지으며 바다 건너 먼 고국 신라 쪽을 바라보았습니다. _43~44쪽

신라의 신하가 일본에서 돌아와 연오와 세오가 살던 바닷가에서 세오녀가 지어 준 비단을 모셔 놓고 제사를 지내니 세상이 다시 밝아졌다. 이후 그 비단을 국보로 삼았고, 동해 쪽에 있는 하늘에 제사 지낸 그곳을 영일현이라 하였다.

영일은 포항 일대로 우리나라 지도에서 꼬리처럼 튀어나온 곳

오천읍(烏川邑) 오(烏)는 까마귀, 즉 삼족오라 하여 발이 세 개 있는 까마귀로 민간 설화에서 해로 표현된다.

세계리(世界理) 해와 달이 빛을 찾았을 때 빛이 가장 먼저 비쳐 세계가 밝아졌다 하여 붙여진 지명이다.

이며, 이곳의 쑥 들어온 바다 이름이 영일만이다. '영일'(迎日)은 '해맞이'를 뜻한다. 해와 달이 빛을 잃었다가 다시 찾았다는 연못 '일월지'(日月池)도 영일에 있다. 현재 포항시 영일만에는 연오랑 세오녀 동상이 있다. 동상이 세워진 자리는 연오랑이 타고 간 바위가 솟아올랐다고 전해지는 곳이다.

포항에는 연오와 세오의 이야기에서 비롯된 마을 이름이 많다. 세계리, 광명리, 금광리는 '제사를 지냈더니 세상이 환하게 되었다.'는 뜻에서 붙여진 지명이다. 또 일광리는 일월지가 있는 마을이라는 뜻이고, 용덕리는 일월지에서 용이 하늘로 올랐다는 뜻의 마을 이름이다. 오천읍에는 일월지와 일월사당이 있는데, 신라 때부터 조선 때까지 제사를 지내다 일제 때 사당이 철거됐고 못도 일부 메워졌다. 오늘날 동해면에 있는 일월사당은 1985년에 복원된 것이다.

한편, 연오랑과 세오녀가 도착한 곳이자 왕이 되어 흐뭇하게 고국 신라를 바라보던 곳은 일본의 서쪽 땅일 것이다. 실제 일본 서쪽의 오키 섬에서 가장 오래된 역사책으로 전해지는『이마지 유래기』에는 이 섬에 최초로 도착한 사람은 사로국(신라의 옛 이름)에서 온 남녀라고 돼 있다. 오키 섬은 시마네 현 본토에서 배로 두 시간 거리에 있다. 또 일본의 시마네 현 이즈모 시는 '신들의 고향'이라 불리는데, 이즈모에 고대 왕국을 건설한 신이 바다 건너 한반도에서

왔다는 것이다. 이것은 연오랑 세오녀가 일본의 신적인 존재가 되었을 가능성도 시사한다. 이런 사실들을 종합해 볼 때, 연오랑과 세오녀의 이야기는 고대에 문명을 가진 사람들이 한반도에서 바다를 건너가 일본에 문물과 기술을 전해 준 과정을 신화로 표현한 것으로 판단된다.

연오, 세오가 타고 간 바위는 무엇일까?

해상 교통수단

"어? 바위가 움직이네."

연오랑이 앉아 있는 바위가 흔들리기 시작하더니 바다 가운데로 떠갔습니다.

"이런 일이 있나? 바위가 떠가다니!"

바위는 점점 동쪽 바다로 나아갔습니다. (……)

"앗, 육지다!"

바다 위로 해가 떠오르면서 저 멀리 육지가 보였습니다. _6~8쪽

혹시 이 글을 읽은 사람 중 진짜 바위를 타고 바다를 건넜다고 믿는 사람이 있을까? 있을 수도 있고 없을 수도 있지만, 진실은 아무도 모른다.

설화 속에서 연오와 세오가 일본으로 간 것은 2세기 무렵이다.

● 가야 초기 배 모양의 토기

아주 오래전이긴 하지만 그렇다고 해서 연오가 한반도 최초로 일본으로 건너간 것은 아니다. 이미 한반도에서 나온 융기문 토기(기원전 6000~기원전 5000년)나 새김무늬 질그릇(기원전 4000~기원전 3000년)이 일본 쓰시마 섬과 규슈에서 발견되었다. 연오와 세오가 살았던 시기 이전부터 한반도와 일본 사이에 교류가 있었다는 뜻이다. 오늘날 경상남도 일대를 지배했던 가야는 일본과 가까웠고, 배를 이용해 바다로 나갈 줄 알았다. 그때의 배는 어떤 배일까?

한반도에서 돛을 이용한 범선이 만들어진 것은 6세기 정도라니, 그 이전에는 원시적인 통나무배나 뗏목 또는 구조선(도구를 이용하여 조립해서 만든 배)을 이용했을 것이다. 통나무배는 불에 달군 자갈을 큰 통나무 한쪽에 얹어 속을 태운 다음 돌도끼와 돌칼로 파내 만들었다. 하지만 통나무배로는 거친 바다를 건너기가 쉽지 않았을 것이다. 그렇다면 통나무를 여러 개 엮은 뗏목은 어땠을까? 뗏목은 비교적 안전했지만 무겁고 방향을 잡기 위해서 삿대와 노를 썼을 것이다. 이런 통나무배와 뗏목에서 발전한 배가 구조선이다. 구조선은 도끼나 칼로 나무를 깎아 맞춰 만든 배로, 노나 삿대를 이용해 앞으로 나아갔다. 이 배는 지금은 남아 있지 않지만 가야 시대의 배 모양 토기로 남아 있다.

연오와 세오는 어떻게 바다를 건넜을까?

우리나라 해류

2012년에 "일본 시마네 현 앞바다가 한국에서 밀려온 쓰레기로 몸살을 앓는다."라는 신문 기사를 본 적이 있다. 아니라고 부정하고 싶지만 시마네 현의 마쓰에 시와 이즈모 시 해변 곳곳에서 한글 상표가 붙은 쓰레기들이 많이 발견된다고 한다. 포항과 울산 등 동해안에 버려진 쓰레기가 흐르는 바닷물(해류)을 따라 일본 시마네 현 바닷가까지 쓸려 간 것이다. 동해안에 놀러 간다면 특히 주의해야겠다. 이웃 나라에, 그리고 바다에 엄청 미안한 일이다.

돛단배가 없던 옛날에도 뗏목이든 조각배든 동해안에서 배를 타면 해류가 자연스럽게 일본으로 데려다 주었다. 연오와 세오가 탄 그 무엇인가가 일본으로 흘러갈 수 있었던 것도 바로 해류 덕분이었다. 패망한 가야 부족의 족장이 자신의 부족을 이끌고 배에 올랐다면 한반도를 벗어날 생각을 했을 것이다. 그렇다면 이미 그 시대 사람들도 일본 쪽으로 흐르는 바닷물의 존재를 알고 있었다고 여겨

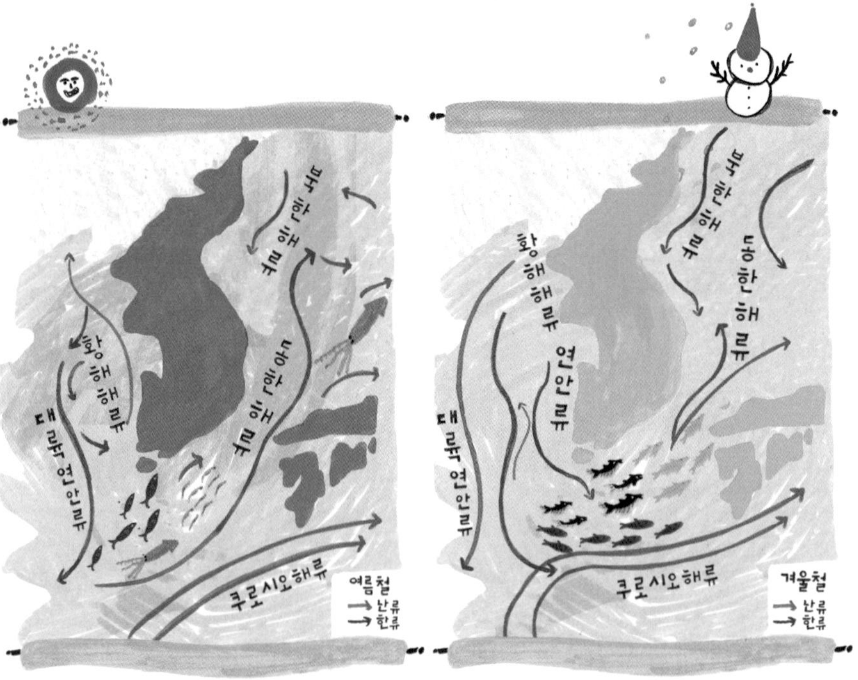

진다.

해류는 흐르는 바닷물이다. 바닷물도 강물처럼 흐른다. 적도 지역의 따뜻한 난류는 극 쪽으로, 반대로 극 지역의 찬 한류는 적도 쪽으로 흐른다. 한반도 북쪽에서 리만 한류가 내려와 북한 쪽 동해에서 북한 한류가 되고, 남쪽에서는 쿠로시오 난류가 올라와 남한의 동해에서 동한 난류가 된다. 쿠로시오 해류는 한반도 남쪽에서 황해 난류, 동한 난류, 대마 난류(쓰시마 난류)로 갈라진다. 해류는 마구잡이로 흐르는 것이 아니라 일정한 방향을 가지고 흐른다. 연오가 일본으로 건너갈 수 있었던 것도 다 바다에 길이 나 있었기 때문이다.

연오처럼 해류를 이용해 일본으로 간 사례는 더 있다. 1987년, 북한을 탈출한 김만철 가족은 처음에 함경도 청진항에서 출발했는데 도중에 배가 망가져서 표류하게 되었다. 며칠 후 배는 일본 쓰가루 항에서 발견되었다. 배가 북한 한류를 타고 남쪽으로 흐르다 동한 난류를 만나 동쪽으로 방향을 튼 후 떠다니다가 대마 난류에 실려 쓰가루 해협으로 간 것으로 보인다.

한편, 일본에서 한반도로 올 때도 해류를 이용했다. 규슈에서 출발한 배는 쿠로시오 해류를 타고 올라오다 남해안에 이르러 노를 저어 한반도로 들어왔다. 그리고 쓰시마 섬에서 떠난 배는 동한 난류를 타고 대한 해협을 거쳐 동해안의 포항까지 왔다. 특히 난류가 강해지는 4~6월에 일본에서 우리 땅으로 오기가 편했다. 신라의 기록을 보면 왜적이 자주 침입한 것도 이때였다고 한다.

정글북

호랑이 시어 칸이 나쁘다고?

인도의 '카나'는 울창한 나무와 큰 풀이 우거진 정글이다. 이곳에는 늑대 무리와 호랑이, 곰, 표범 등 여러 동물들이 살고 있었다. 어느 날, 정글의 폭군 벵골호랑이 시어 칸이 카나 숲 속으로 들어왔다. 시어 칸은 아이와 함께 있는 인간 부부를 공격했고, '나투'라는 이름을 가진 어린아이는 얼떨결에 늑대 부부가 사는 굴속으로 들어왔다.

"사람의 아이야."

숲에서 나온 것은 갈색 피부를 지닌 갓 걸음마를 뗀 아이였습니다. 아이는 아빠 늑대를 보고도 겁을 내기는커녕 보조개를 드러내며 웃었어요.

"여보, 나는 아직 한 번도 사람의 아이를 본 적이 없어요. 이리로 데려와 보세요." (……)

"예쁘게 생겼군요. 우리가 무섭지 않은가 봐요." 엄마 늑대가 말했어요. (……)

"불쌍한 아이야, 누우럼. 너는 개구리처럼 털이 없으니 모글리라고 불러야겠다. 시어 칸이 너를 사냥하려고 한 것처럼 네가 그 놈을 사냥할 날이 분명히 올 것이다." _14~16쪽

암컷 늑대는 어린아이가 맘에 들었다. 이유는 알 수가 없었다. 그냥 암컷의 본능이었을까? 잠시 후, 시어 칸이 찾아와 아이를 내놓으라고 으름장을 놓았다. 하지만 '무방비 상태의 어린아이는 공격하지 않는다.'라는 정글의 법칙에 따라 늑대 부부는 아이를 지켰다. 그리고 늑대 대장에게 어린아이를 키우겠다고 하고, '모글리'란 이름도 지어 주었다. 하지만 시어 칸의 복수를 두려워하는 다른 늑대들은 생각이 달랐다. 그리하여 늑대들의 회의가 열렸는데, 늑대 부부와 느림보 곰 발루, 흑표범 바기라, 대장 늑대 아켈라 등의 지지로 모글리는 늑대 가족이 되었다. 모글리는 늑대와 함께 살게 되었지만 그 대가로 시어 칸에게 평생 쫓기는 신세가 된다.

그 후, 모글리는 인간 마을로 잠시 돌아갔고 그곳에서 진짜 부모를 만난다. 하지만 시어 칸의 추격은 끝이 없었다. 시어 칸은 마을에 나타나 보란 듯이 가축들을 죽였으며, 사람도 물어 갔다. 모글리

모글리가 정말 인간의 말을 할 수 있을까? 「정글 북」이 출판된 지 26년 뒤인 1920년에 실제로 인도에서 늑대가 키운 소녀 두 명이 발견되었다. 목사, 교사 등이 애를 썼지만 한 소녀는 1년 만에 죽고 다른 한 소녀는 9년을 살았다. 그런데 9년 동안 소녀가 익힌 것은 겨우 단어 45개와 포크를 사용해 음식을 먹는 방법 정도였다. 2001년에는 칠레에서 떠돌이 개들과 동굴에서 살아온 11세 소년이 발견되었는데, 이 소년도 말을 하지 못했다. 인간은 말을 할 수 있는 능력을 가지고 태어나지만 다른 사람과의 관계 속에서 말을 배울 기회를 갖지 못하면 말을 할 수 없다. 따라서 동물들 속에서 자란 타잔이나 모글리는 사실 인간의 말을 할 수가 없다.

는 더 이상 시어 칸을 놔둘 수가 없었다. 결국 물소 라마의 도움을 받아 정글 한복판에서 자고 있던 시어 칸을 죽인다.

이 일로 모글리는 정글에서 영웅이 되었지만 인간 마을에서는 호랑이 인간으로 오해를 받아 쫓겨난다. 다시 정글로 돌아간 모글리는 정글의 법칙을 어기는 호랑이나 아시아사자, 승냥이, 줄무늬하이에나, 살쾡이 등과 싸우며 정글의 평화를 지킨다. 그리고 마지막에는 다시 인간 마을로 돌아와 사냥꾼이 된다.

키플링(1865~1936)이 『정글 북』에서 그린 인간 영웅과 동물 친구들의 우정, 고난의 이야기는 세계적으로 큰 인기를 끌어서 영화와 애니메이션으로 여러 번 제작되었다. 하지만 『정글 북』이 정글의 진정한 모습을 그렸을까?

모글리의 정글은 어떤 곳일까?
열대 우림

키플링의 소설 『정글 북』에 나오는 동물들은 그들이 정한 정글의 법칙을 따르며 산다. 여기서 정글의 법칙이란 포용과 이해심보다는 치열한 경쟁과 악에 대한 응징, 잘한 것에 상을 주고 잘못한 것에 벌을 주는 엄격한 룰의 세상이다. 하지만 이것은 인간인 작가가 만든 정글 법칙일 뿐이다.

미리 알리지 않으면 사냥터를 옮길 수 없다는 정글의 법칙을 어기겠다는 건가? _12쪽

사람을 공격하는 것은 정글의 법칙에서 어긋나는 것이었어요. 사람을 공격하면 사람들이 떼로 몰려와 총을 쏴 대기 때문이지요. _13쪽

정글의 법칙에 따르면 무리에 들어가기 위해서는 부모 외에 무리 가운데에서 두 마리 이상의 찬성을 얻어야 했어요. _17쪽

정글의 법칙에 따르면 새로운 부족원을 받아들일 때, 죽일 만한 일이 아니라면 일정한 대가를 치르게 하고 살려 주도록 되어 있습니다. _19쪽

실제로 정글의 동물들은 자연의 법칙에 따라 살아간다. 자연의 법칙은 강한 것이 약한 것을 잡아먹고, 모든 생명체는 생존을 위해 애쓰며 안정적으로 종족을 번식하기 위해 쉼 없이 움직이도록 되어 있다. 무엇보다도 자연은 선악으로 구분되어 있지 않다. 그건 인간 세상에나 존재하는 것이다.

국립 공원 국제 자연 보호 연맹(IUCN)에 따르면 "국립 공원은 넓은 면적, 인간 개발에 의해 강제로 변하지 않은 몇 개(1~7개)의 생태계 유지, 여가 선용의 가치 등을 지니고 있어야 한다." 세계 최초의 국립 공원은 미국의 '옐로스톤 국립 공원'(1872년에 지정)이다.

자연의 법칙에 따라 수많은 동물과 식물이 살아가는 카나는 인도 중부 마디아프라데시 주에 있는 국립 공원이다. 국립 공원은 자연 그대로의 상태를 인간이 더 이상 해치지 말고 유지하자는 뜻으로 정한 곳이다.

키플링은 인도의 정글 카나를 방문한 뒤 영감을 받아 『정글 북』을 썼다고 한다. 이곳은 전 세계 호랑이의 22%가 사는 울창한 삼림 지대로 1955년에 국립 공원으로 지정되었다. 공원에서는 호랑이, 브라싱가(거의 멸종하다시피 한 사슴의 일종), 가우르(인도산 큰 들소), 표범 들을 볼 수 있다.

카나는 인도에서 가장 큰 국립 공원으로 비교적 자연 보존 상태가 좋다고 한다. 특히 푸른 대나무와 사라나무 숲과 탁 트인 초원은 이곳의 큰 자랑거리다.

인도는 열대이면서도 계절풍의 영향을 받아 건기와 우기가 나타난다. 계절풍은 계절에 따라 주기적으로 일정한 방향으로 부는 바람인데 여름에는 바다에서 육지로, 겨울에는 육지에서 바다로 분다. 바다에서 습기를 머금은 더운 바람이 불어올 때가 우기이다. 열대에서 계절풍의 영향을 받는 곳은 카나 국립 공원이 있는 인도를 중심으로 남아시아, 동남아시아, 동아프리카 동안 등이 대표적이다. 열대 계절풍의 영향을 받는 곳은 강수량이 비교적 많기 때문에 전형적인 사바나 초원보다는 정글에 가까운 숲을 이루게 된다. 세계에서 가장 비가 많은 인도 반도의 아삼 지방 역시 계절풍의 영향을 받는 곳으로 정글이 형성되어 있다.

동물들이 시어 칸을 닮아 가는 게 아닐까?

생태학론

최근 들어 인도에서 동물이 사람을 공격하는 일이 자주 벌어지고 있다. 인도 미소레 시에서 야생 코끼리 네 마리가 마을에 마구 들어와 닥치는 대로 부수고 난동을 부렸다. 이 과정에서 남자 한 명이 코끼리에 짓밟혀 목숨을 잃었다. 이날 모든 학교는 휴교를 했고, 곳곳에서 경찰이 경계를 펼쳤다. 사고를 친 이 코끼리들은 원래 미소레 시로부터 약 35km 떨어진 숲에 살았는데, 숲이 파괴되자 갈 곳을 잃고 도시로 온 것이다. 코끼리가 살던 숲은 커피 농장과 목화 농장이 무차별적으로 개발되면서 파괴되었다. 그런가 하면 방글라데시에서도 코끼리 습격 사건이 일어났다. 인구가 늘고 각종 개발 사업이 벌어져 숲이 파괴되자 100여 마리의 코끼리들이 마을로 들어와 날뛰는 바람에 열세 명이 죽었다. 이 코끼리들은 태국에서 인도 북동부를 지나 이동해 왔는데 이동로에 있던 숲이 사라지자 길을 잃은 것이다.

코끼리만 사고를 치는 게 아니다. 인도 뭄바이 외곽에서도 표범이 10여 명을 잇따라 공격해 사망하게 하는 일이 벌어졌다. 인도에서는 표범에게 살해된 사람만 20여 명에 이를 정도로 희생자가 계속 늘고 있다. 이 또한 숲 파괴가 원인으로 인간들이 표범의 땅을 침범하면서 발생한 일이다. 표범들이 먹을 것을 찾지 못해 사람을 습격한 것이니 근본적인 문제는 표범이 아니라 인간이다. 숲은 인간만의 공간이 아니라 야생 동물과 식물 등 무수히 많은 생명들의 공간이다. 결국 인간의 지나친 자연 파괴가 자연의 복수를 불러온 것이다.

숲 파괴로 위기에 놓인 동물들은 전 세계적으로 아주 많다. 세계야생 동물 기금이 '2010년 멸종 위기에 처한 생물 10종'을 발표했다. 호랑이, 북극곰, 태평양바다코끼리, 마젤란펭귄, 장수거북, 청지느러미참치, 산고릴라, 왕나비, 자바코뿔소, 자이언트판다이다. 귀여운 판다는 중국 쓰촨 성과 티베트 고산 지대에서 대나무 잎만 먹고 사는

● 인간 위주의 개발과 자연 파괴로 동물들이 살 곳이 점점 좁아진다. 동물들이 살아갈 권리에 대해서도 생각해야 할 때이다.

데, 번식률이 낮은 데다 대나무 숲이 줄어 살 곳을 잃고 있다. 인도와 캄보디아 열대 우림에 사는 자바코뿔소 역시 보호 구역에서 간신히 멸종을 면하고 있고, 콩고·우간다의 산고릴라는 밀렵과 내전으로 멸종 직전이다. 청지느러미참치는 고급 스시로 인기를 끌면서 멸종 위기에 놓였다. 다른 동물 역시 밀렵, 열대림 남벌, 내전 등 인간들의 끝없는 탐욕으로 멸종의 길로 내몰리고 있다.

마음대로 숲을 파괴하는 인간들에게 스튜어트의 생태학론을 들려주고 싶다. 생태학론은 인과응보의 정신이다. 인간이 자연을 이용하고 변화시키는 과정에서 대기 오염, 수질 오염, 토양 오염 등 각종 환경 오염이 나타나 결국 인간 자신을 괴롭히게 된다는 이론이다. 예를 들면, 춘천과 양평에 다목적 댐을 건설하면서 이곳은 안개가 자주 발생하고 겨울이 더욱 추운 곳으로 변하였다. 또 사하라 남부의 사헬 지대는 인간들의 지나친 경작과 방목으로 초원이 파괴되어 사막화되고 있다. 사헬 지대는 이제 인간이 거의 살 수 없는 땅으로 변했다. 이처럼 생태학론은 자연과 인간이 독립된 개체가 아니라 서로 영향을 주고받는 관계로 본다. 자신이 살기 위해서라도 인간은 생태계 안에서 조화와 균형을 이루어야 할 것이다.

시어 칸은 상을 받아야 하는 게 아닐까?

키플링은 인도 뭄바이에서 태어났고, 인도인 유모에게서 인도 민요와 옛 이야기, 전설 등을 듣고 배웠다. 따라서 키플링의 『정글 북』에서는 자연스럽게 인도 문학이 묻어 나온다. 인도 전설에 따르면 순다르반스 지역의 호랑이는 사람을 잡아먹는다고 한다. 순다르반스에서 잡힌 한 호랑이의 배를 갈라 보니 실제로 사람의 부산물이 나왔다고 한다. 『정글 북』의 시어 칸은 순다르반스의 식인 호랑이였는데 카나로 온 것이다. 시어 칸은 절름발이지만 다른 호랑이보다 빠르고 시어 칸에게 물린 사람도 절름발이가 된다는 전설이 있다.

2012년에 인도 대법원이 멸종 위기에 놓인 호랑이를 보호하기 위해 국립 공원 내 호랑이 서식지 관광을 금지했다. 당분간 카나 국립 공원을 비롯하여 인도의 여러 국립 공원에서 호랑이를 보기는 어렵게 됐다. 인도는 1972년에 제정된 야생 동물 보호법에 따라 호랑이를 보호하고 있다. 하지만 호랑이 수는 계속 줄어 현재 인도 전역에 1700여 마리가 산다고 한다.

인도호랑이는 벵골호랑이 또는 벵갈호랑이라고 부르며, 호랑이 중 그 수가 가장 많아 60%를 차지한다. 시어 칸 역시 벵골호랑이로 몸길이는 2.4~3.3m이고 몸무게는 약 220kg이다. 이 정도면 시베리아호랑이보다는 작지만 인도 정글의 왕이 되기에는 충분하다. 벵골호랑이는 인도, 네팔, 방글라데시, 태국 등 넓은 지역에 걸쳐 살고 있었으나 밀렵으로 인해 지금은 인도의 보호 구역과 방글라데시, 네팔 일부에서만 살고 있다.

세계 곳곳에서 숲이 파괴되고 있다 120여 나라에서 판매되고 세계 인구의 1%가 매일 먹는 햄버거는 정글의 숲과 맞바꾸어 만들어진다는 사실을 아는가? 햄버거 재료인 쇠고기를 얻기 위해 숲을 파괴해서 초지를 만들기 때문이다. 유럽과 미국으로 수출되는 쇠고기의 전초 생산지는 중앙아메리카의 열대림이다. 목장을 만들기 위해 열대림 곳곳에서 대규모 파괴가 이루어졌다.
한편 인도네시아가 세계에서 가장 빠른 속도로 숲이 파괴되고 있어서 기네스북에 오를 참이다. 인도네시아는 매년 전체 숲의 2%가 파괴되는데 이는 1시간에 축구장 300개 크기의 숲이 파괴되고 있는 것과 같다. 인도네시아의 열대림 파괴는 벌목과 산불, 야자 농장 조성이 주된 원인인 것으로 알려졌다. 브라질이 0.6%로 인도네시아 다음으로 숲이 빠르게 파괴되고 있다.

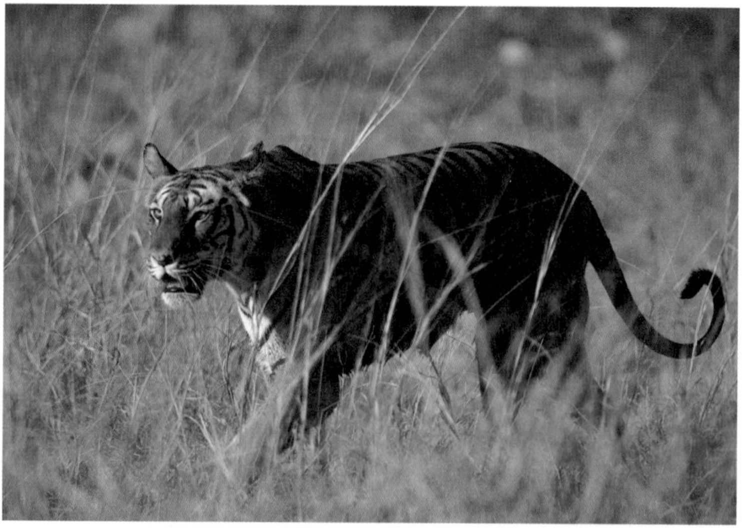

● **카나 국립 공원의 벵골호랑이** 국립 공원을 지정하여 보호하고 있지만 호랑이는 계속 줄어들고 있다.

정글은 다양한 생물이 사는 생명의 보물 창고이다. 정글은 육지에서 가장 많은 생물 종을 보유하고 있으며, 식물 종의 75%가 발견되고 있다. 하지만 그것도 이제 옛말이 되어 간다. 숲 파괴가 정글을 중심으로 많이 이루어지는 탓이다.

산업 혁명 초기에는 주로 유럽을 중심으로 온대 지역에서 숲 파괴가 이루어졌다. 공장을 돌리는 데 필요한 연료로 나무를 많이 썼기 때문이다. 그러나 20세기 이후부터는 열대 지역의 정글 훼손이 가장 심각하다. 이미 사라진 숲은 농토로 사용되거나 소와 양을 키우는 초지로 사용되고 있다. 또한 싱가포르나 브라질리아처럼 숲이 현대 도시의 모습으로 바뀐 곳도 많다.

숲 파괴가 얼마나 심각한지 세계 최대의 정글인 브라질의 아마존이 21세기 안에 풀밭으로 변할 것이라는 주장도 있다. 만약 아마존이 풀밭으로 바뀌면 전 세계 열대림의 60% 정도가 사라지는 것이다. 그러니 인간의 입장에서는 시어 칸이 두렵고 미운 존재겠지만, 오히려 자연의 입장에서는 파괴자 인간을 잡아먹는 시어 칸에게 상을 줘야 하는 게 아닐까?

우리나라의 마지막 호랑이는 언제? 1924년 국내의 한 일간지에 강원도 횡성 깊은 산속에서 호랑이가 사살됐다는 기사가 실렸다. 알고 보니 그때 죽은 호랑이가 마지막 한국호랑이였다. 〈전설의 고향〉을 보면 가장 많이 등장하는 동물이 여우와 호랑이다. 과거에는 자주 나타났던 호랑이가 왜 사라진 것일까? 무엇보다 해로운 맹수를 없앤다는 일본의 정책 때문이었다. 1915년 한 해에만 일본 경찰, 사냥꾼 등이 호랑이 11마리, 표범 41마리, 곰 261마리, 늑대 122마리, 사슴 128마리, 멧돼지 1162마리를 잡았다고 한다. 정책에 충실한 듯 보이지만 사실은 비싼 동물 가죽을 노린 것이었다. 어떤 일본 순사는 1921년 경주 대덕산에서 잡은 호랑이를 뇌물로 바쳐 승진했다는 기록도 있다.

해저 2만 리

바다의 주인은 누구일까?

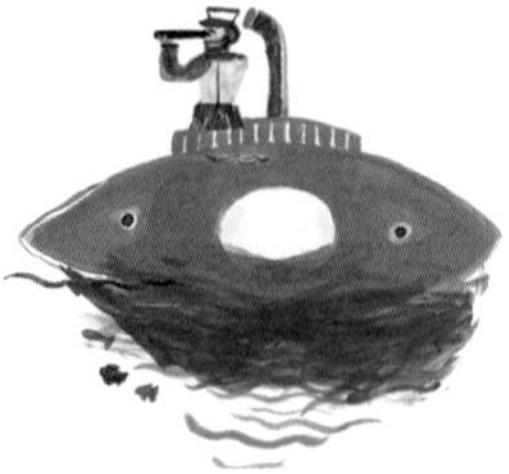

"전 제 작살이 왜 고래 몸에 안 꽂혔는지 금방 알아챘어요. 바로 이 고래가 철판으로 돼 있기 때문입니다."

이 괴물은 금속판으로 이루어진 기계 덩어리였다. 바로 거대한 물고기 모양의 잠수함이었던 것이다. _37쪽

1866년 해양학자인 아로낙스 박사는 선박들에 해를 입히는 정체불명의 바다 괴물을 없애기 위한 임무를 맡아 미국 군함 에이브러햄 링컨호에 초대되었다. 외뿔고래일 것으로 예상했던 괴물은 놀랍게도 '노틸러스'란 이름의 잠수함이었다. 잠수함과 싸우다 링컨호에서 튕겨져 나온 아로낙스 박사와 조수 콩세유, 고래잡이 작살꾼

네드 랜드는 잠수함의 선장인 네모의 포로가 된다. 이들은 약 1년간 노틸러스호에 갇혀 대서양, 인도양, 태평양을 다니며 바다와 뭍에서 여행 아닌 여행을 한다.

크레스포 섬의 숲에서 사냥도 하고, 야만인으로 불리는 파푸아뉴기니 원주민에게 쫓기며, 해저의 묘지·아라비아 터널·해저 화산 등에서 잊을 수 없는 경험을 하였다. 이들은 네모 선장의 도움과 감시를 받으며 포로치고는 괜찮은 생활을 했다.

네모 선장은 국적도 알 수 없는 미지의 인물로 묘사된다. 그러나 그가 바다를 떠도는 것은 격변하는 정치 상황에서 나라를 잃은 국민의 현실을 표현한 듯하다. 예를 들면, 네모 선장은 육지와는 인연을 끊었지만, 해저에 있는 보물을 꺼내 어려움에 처한 육지 사람들에게 보내곤 했다.

노틸러스호는 약 1년 동안 바닷속 여기저기를 돌아다닌다. 마침내 아로낙스 박사 일행은 육지로 돌아오고 노틸러스호는 알 수 없는 소용돌이 속으로 빨려 들어가며 이야기는 끝이 난다.

이 소설은 약 150년 전에 미래의 세계를 상상하며 쓴 것이다. 1867년 쥘 베른은 배를 타고 대서양을 횡단해 미국으로 건너갔고, 2년 후에 『해저 2만 리』를 출간했다. 아마도 그 항해에서 영감을 얻은 듯하다. 『해저 2만 리』의 원제목은 '해저 2만 리그'였다. 1리그는 약 5.6km로, 2만 리그는 약 1만 1200km가 된다.

산업 혁명 이후 기계의 발전에 무한한 희망을 품고 있던 시대, 전기까지 실용화할 수 있는 단계에 이른 데다가 바다에 대한 작가의

잠수함의 역사

세계 최초의 잠수정은 1776년에 미국의 데이비드 브슈넬이 제작한 '터틀'이다. 미국이 독립 전쟁 때 영국군의 배를 침몰시키기 위해 만들었지만 전투 능력은 뒤떨어졌다. 그 후 1, 2차 세계 대전을 거치며 전투 무기 제작 기술이 크게 발전하였다. 세계 최초의 원자력 추진 잠수함이 1954년에 미국에서 만들어졌다. 이름은 노틸러스호로 소설『해저 2만 리』에서 따온 것이다. 옛날의 잠수함은 일정 시간 잠수 후 산소를 공급받기 위해 떠올라야 했다. 하지만 노틸러스호는 핵연료를 이용했기에 오랜 시간 동안 고속 잠수가 가능했다.

● 최초의 핵잠수함 노틸러스 SS-571호

상상력에 힘입어 이 작품은 큰 인기를 끌었다. 당대의 독자들은 미래의 첨단 기계 문명인 잠수함과 미지의 해저 세계를 그려 놓은 이 작품에 온통 마음을 빼앗겼을 것이다.

짠 바닷물로 덮인 해저는 어떻게 생겼을까? 과연 육지와 비교해서 무엇이 같고, 어떻게 다를까? 그리고 당시 노틸러스호는 어떻게 세계의 바다를 내 집 마당처럼 돌아다닐 수 있었을까? 이런 궁금증은 지금 우리들의 호기심을 자극하기에도 충분하다.

바다는 주인이 없는 걸까?

영해와 배타적 경제수역 200해리

"당신은 바다를 무척 사랑하나 보군요?" 그러자 선장이 웃으며 대답했다.

"물론 사랑하고말고요. 바다는 평화롭고 무한합니다. 여기서는 누구나 자유롭고 행복하게 살 수 있지요." _54쪽

마치 네모 선장은 온 바다의 주인 같았다. 태평양, 인도양, 홍해, 지중해, 대서양, 북극해, 남극해 등 모든 바다가 그의 것이었다. 노틸러스호는 일본의 남쪽 바다에서 출발해 하와이 제도, 마르키즈 제도, 투아모투 제도, 소시에테 제도, 통가 제도, 피지 제도, 뉴헤브리스 제도, 파푸아 뉴기니, 실론 섬, 페르시아 만, 홍해, 지중해 등

을 거치며 세계 바다를 누빈다. 곳곳에서 석탄도 캐고, 진주도 키우고, 금괴도 줍고, 필요할 때면 육지에 올라 거래도 하고 사냥도 했다. 『해저 2만리』에서 네모 선장은 바다의 주인처럼 바다가 자유롭다고 말했다. 네모 선장과 아로낙스 박사 일행이 노틸러스호를 타고서 누구의 제재도 받지 않고, 바다를 자유롭게 다닐 수 있었던 이유는 무엇일까?

옛날에는 각 나라의 영해라는 것이 분명치 않았고, 어디까지를 영해로 정할지 학자마다, 나라마다 주장이 달랐다. 14~17세기에는 나라마다 바다 범위를 100해리까지, 60해리까지, 눈으로 볼 수 있는 한도까지, 1일 동안 항해가 가능한 한도까지로 잡는 등 각양각색이었다. 여기서 1해리는 1852m다.

그러다 1702년에 네덜란드에서 '국토의 권력은 무기의 힘이 그치는 곳에서 끝난다.'며 포 거리(3해리)까지로 하자고 주장했다. 당시 바다를 주름잡던 강대국들은 공동의 바다인 공해를 늘려 자신들의 활동 범위를 넓히기 위해 각국이 차지하는 영해를 줄이려 했다. 그래서 3해리에 찬성하는 나라가 많았다. 아직도 두 나라 사이가 좁은 바다일 경우에는 3해리를 영해로 한다. 우리나라도 대한 해협에서는 일본과 3해리로 영해를 정하고 있다.

하지만 모두가 3해리에 찬성한 것은 아니었다. 노르웨이와 스웨덴은 4해리, 에스파냐와 이탈리아는 6해리, 러시아는 12해리, 엘살바도르와 우루과이는 200해리를 주장했다. 그러다가 국제적으로 영해를 분명히 한 것은 20세기 후반이다.

1982년, '해양법 협약'에 연안국은 기준선으로부터 12해리(약 22km)를 초과하지 않는 범위로 영해를 정한다고 확정하였다. 영해는 정치·경제적으로 그 바다 가까이 있는 연안국의 바다이다. 예를 들면 우리나라 영해는 동해, 서해, 남해의 기준선에서 12해리라는 뜻이다. 우리의 영해에서는 외국 선박이 허락 없이 들어와 고기를 잡거나 자원을 개발할 수 없다. 영해 안의 바다 밑에서 잠자고 있는 금괴나 고려청자도 가져갈 수 없다. 만약 외국 선박이 우리나라의 허락 없이 들어온다면 그 배를 나포하여 처벌할 수 있다. 이제 영해는 이처럼 보이지는 않지만 영토처럼 분명한 경계를 가지게 되었다.

네모 선장이 바다의 주인처럼 다닐 수 있었던 이유는 하나 더 있다. 당시에는 '배타적 경제수역(EEZ) 200해리'가 설정되어 있지 않았다. 그래서 노틸러스호 선원들은 해초를 이용해서 담배를 만들고, 바닷속에 묘지를 만들고, 실론 섬 바다 밑에서 진주를 키우고, 사화산 섬 안에서 석탄을 캐는 등 어디서든 바닷속 자원을 마음대로 이용할 수 있었다. 만약 지금 그렇게 한다면 연안국에 의해 제재를 당하거나 공격을 받을 수도 있는 일이다.

배타적 경제수역 200해리(약 370km)는 말 그대로 정치적으로는 영해와 다르지만 경제적으로는 영해와 같다. EEZ에서의 권리를 처음 주장한 것은 미국이다. 1945년 미국은 자국의 연안 생물 자원을 자신의 것으로 규정하고 다른 나라는 함부로 손대지 말라며 권리를 선언했다. 이것이 계기가 되어 연안국의 자원 확보와 개발 도상국의 이익 보호라는 차원에서 배타적 경제수역이 설정되었다.

그리하여 1970년대부터 세계 각국은 앞다퉈 EEZ를 선포하였고, 세계 주요 어장의 대부분이 EEZ에 속하게 되었다. 법에 의하면 연안국은 어업 자원 및 해저 광물 자원, 해수 풍수를 이용한 에너지 생산권, 에너지 탐사권, 해양 과학 조사 및 관할권, 해양 환경 보호에 관한 관할권 등을 갖는다. 그러니 노틸러스호가 마음대로 바다를 다니며 자원을 캐거나 이용한 것은 오늘날 같으면 어림도 없는 일이다. 오직 항해만 하는 것은 가능하니 노틸러스호는 그냥 항로를 지나갈 수는 있었을 것이다.

해저는 어떻게 생겼을까?

해양과 해저 지형

"그 숲에는 사자도, 호랑이도 없습니다. 네발짐승은 살지 않아요. 바로 해저 숲입니다."

"해저 숲이라고요?"

"그렇습니다."

(……)

네모 선장은 다시 내리막길을 걸어 수심 150미터 지점에 있는 골짜기까지 우리를 안내했다. 훌륭한 장비 덕분에 우리는 그때까지 인간이 잠수할 수 있는 한계로 여겨졌던 깊이보다 무려 90미터나 더 내려갈 수 있었다. 햇빛이 닿지 않았기 때문에 어둠을 밝혀 주는 전등을 켜고 계속 걸어갔다. 오후 4시쯤, 엄청난 절벽이 우리 앞을 가로막았다. 바로 크레스포 섬의 해안 절벽이었다. _71~75쪽

"수에즈 운하를 통과하지 못한다면 배가 땅 위로 올라가기라도 한다는 말입니까?"

"아니요, 아래로 갑니다."

"아래라고요?"

"네, 수에즈 운하 아래에 해저 터널이 있습니다. 제가 아라비아 터널이라고 이름을 붙였지요." _127쪽

네모 선장과 아로낙스 일행은 어두운 바닷속을 전등으로 밝히며 바닷속 여행을 한껏 즐긴다. 사실 에디슨이 전구를 발명한 것은 1879년이고 이 작품이 발표된 것은 1870년인데 이미 소설 속에서는 전등을 소재로 쓰고 있다. 이런 것을 보면 정말 상상이 현실이 된다는 말이 맞는 것 같다. 이들이 본 해저에는 숲이 있고, 골짜기와 절벽이 있고, 대륙과 대륙 사이를 오가는 지하 터널이 있다. 육지에 사는 우리는 바닷속이 매우 궁금한데 소설대로라면 바닷속도 땅 위와 지형적으로는 별로 다를 게 없다. 아로낙스 박사 일행이 네모 선장을 따라다니면서 여기저기 들르는 곳을 보면 평온해 보이는 바다 밑에 정말 산과 계곡, 터널 등이 있는데 정말 그럴까? 작가의 상상력과 지식은 대단했다. 실제 해저에도 육지와 같은 해저 지형

● 하늘에서 본 수에즈 운하

이 있으니까. 단, 지중해와 홍해를 잇는 아라비아 해저 터널은 아직까지 들어 본 적이 없다. 하지만 물고기의 이동을 통해 이를 설명하는 작가의 상상력과 논리력이 대단하다.

해저 지형은 육지의 지형 이름과는 좀 다르다. 산맥은 해령, 판 경계부의 깊은 협곡(골짜기)은 해구, 넓은 평야는 해저 평원, 산은

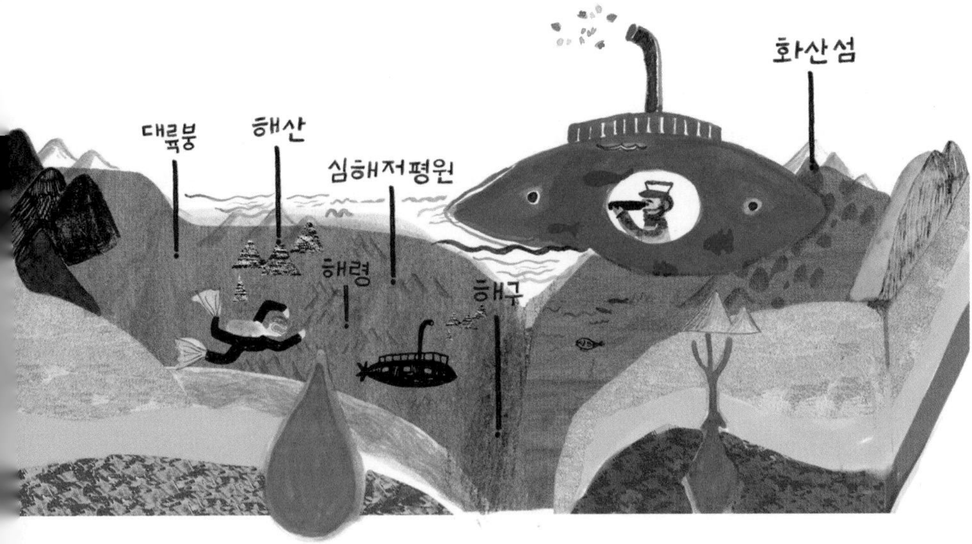

해산 등으로 부른다. 그런가 하면, 크레스포 해저 숲이 있는 얕은 바다처럼 대륙의 일부이면서 바다에 잠겨 있는 곳이 대륙붕이다. 대륙붕은 해안선으로부터 수심 200m까지의 바다로 빙하기에 바닷물이 내려갔을 때 육지로 드러난 곳이 많다.

한편, 전 세계의 해저에는 약 6만 5000km의 해령이 있다. 지구 둘레가 약 4만 km인 것을 감안하면 엄청난 길이다. 해령 정상부는 깊이 파인 V자의 골짜기인 열곡이 해령을 따라 발달해 있고, 그곳에서는 마그마가 분출한다. 드물지만 유럽의 아이슬란드는 해령에서 나오는 마그마가 쌓여서 만들어진 섬이다. 바다 밑에서 마그마가 분출하는 곳은 또 있다. 판과 판이 충돌하는 곳이 그런 곳이며, 그곳을 따라 화산 활동이 활발하게 일어난다. 분출한 마그마는 바닷물에 식어 용암이 되고, 용암이 쌓여 바다 밑에 있는 해저산이 되거나 괌, 사이판, 피지, 통가 섬처럼 화산섬이 된다.

판과 판이 만나는 곳이 아닌 곳에도 해저 화산이 있다. 해양 지각 깊은 곳의 맨틀에서 대양 지각의 틈(열점) 사이로 올라온 마그마가 분출하여 해저 화산을 만들기도 한다. 열점(hot spot)에서는 마치 바람이 없을 때 연기가 곧장 위로 피어오르듯 맨틀에 있던 마그마가 굴뚝 모양으로 수직 상승하여 분출한다. 태평양의 하와이 제도와 갈라파고스 제도가 그렇게 만들어진 섬이다. 하와이 제도의 많은 섬이 열을 지어 발달한 것은 해양판이 열점 위를 이동한 결과이다. 한편, 바다 밑으로 약 5000m 이상 내려가면 깊고 급경사를 이루는 협곡 '해구'가 있다. 세계에서 가장 깊은 마리아나 해구의 가운데 가장 깊이 들어간 곳은 약 1만 1000m나 된다.

평균 수심 2000m 이하의 깊은 바다에는 400℃의 온천수(해수)를 내뿜는 구멍(분출공)이 있다. 뜨거운 온천수는 광물이 많아 검은색을 띠기 때문에 블랙스모커라 부른다. 또 분출공 주변에는 세균, 관 모양의 벌레나 게 등 많은 생물들이 있는데, 과학자들 중에는 여기에서 지구 최초의 생명체가 탄생 했다고 주장하는 사람도 있다.

해양과 해저의 가치는?

"피난처는 필요 없지만 이 섬 근처에 해저 탄광이 있습니다. 전에도 말씀드렸다시피 노틸러스호에 필요한 전기를 만들려면 나트륨

이 필요한데 그 나트륨을 뽑아낼 때 쓰는 석탄을 이곳에서 캐는 겁니다.“

“그럼 선원들이 광부 노릇을 합니까?”

“그렇습니다. 선원들이 잠수복을 입고 바다 밑으로 가서 석탄을 캐 오지요.” _156쪽

이 소설이 쓰여진 150년 전 사람들도 바다의 무한한 가치를 짐작했던 것 같다. 바다는 지구 표면적의 71%를 차지하고, 면적은 3억 6000만 km^2에 이른다. 과거 사람들은 바다를 장삿길이나 고기잡이 정도로만 이용했다. 하지만 오늘날 바다는 금, 백금, 우라늄, 리튬, 석유, 천연가스, 망간 단괴, 메탄 하이드레이트까지 품고 있는 황금알을 낳는 거위다. 일본이 독도를 욕심내는 이유가 깊은 바다에 있는 메탄 하이드레이트와 망간 단괴 때문이란 것도 알 만한 사람은 다 아는 사실이다! 또 바다에는 많은 종류의 해양 생물들이 살고 있어서 인류의 마지막 식량 창고이기도 하다.

하지만 해저는 우주보다도 인간에게 덜 알려져 있다고 한다. 해양 생물 중 인간이 알고 있는 것은 10%도 안 된다. 그만큼 해저를 탐사하는 것은 어렵다는 말이다. 해저 중 인간에게 가장 큰 영향을 주는 곳은 대륙붕이다. 대륙붕은 육지 주변의 얕은 바다로, 지금은 바다 밑에 있지만 해수면이 내려가면 육지로 바뀌는 곳이 많다. 대륙붕의 면적은 바다 면적의 7.5%를 차지하지만 그 가치는 굉장하다. 대륙붕에는 고기가 많이 잡히는 좋은 어장이 많은데, 이는 햇빛

을 받아 광합성을 하는 해초와 어패류가 풍부하기 때문이다. 또한 대륙붕에는 석유와 천연가스 외에도 주요 광물 자원이 풍부하게 매장되어 있다.

바다는 광물이나 에너지 자원 말고도 그 가치가 높고도 높다. 바다는 지구의 기온이 일정하게 유지되도록 하며, 산소를 무한히 만들어 낸다. 지구 전체 동식물의 80%에 해당하는 30만여 종의 해양 생물도 바로 바다의 가치다. 해양 생물뿐 아니라 인간도 사실 바다 가까이 산다. 지도를 보면 아주 많은 대도시가 바다 근처에 있다. 런던, 뉴욕, 도쿄, 상하이, 서울 등 전 세계 50개 대도시의 2/3가 바닷가나 바다 가까운 곳에 자리 잡고 있다. 해안선에서 100km 이내 지역에 약 27억 명이 살고 있다. 전 세계 인구가 약 70억 명(2011년)인 것을 감안하면 세계 인구의 약 40%가 바닷가 근처에 살고 있는 것이다. 또 바다는 이산화탄소를 대기에 비해 60배나 많이 흡수

바다 밑을 어떻게 조사할까? 처음에는 배가 암초에 부딪히는 것을 피하기 위해 추를 늘어뜨려 깊이를 측정했다. 그러나 이런 방법으로는 알 수 있는 게 별로 없었다. 그 다음에는 배에서 초음파를 쏴서 되돌아오는 시간을 재는 것으로 깊이와 지형을 예측했다. 하지만 태평양이나 인도양처럼 넓은 해저의 지형을 조사하는 것은 오랜 시간이 걸리는 일이었다. 또 정확히 알아보려면 잠수정을 타고 내려가야 하는데 깊은 바다는 수압이 높아 접근할 수가 없었다.
그러다가 인공위성이 생기면서 해저 지형을 자세히 알 수 있게 되었다. 몇 달 걸릴 것도 1시간 30분이면 충분했다. 인공위성은 1시간 30분에 지구 한 바퀴를 돌면서 전파를 쏴서 해저 지형을 조사했다. 이 전파는 물은 통과하고 해저 바닥에서는 반사되었다. 이 방법으로 불과 몇 년 만에 바다에 숨어 있던 해령, 해구, 해산 등을 찾아내게 되었다.

하여 빠르게 진행되고 있는 지구 온난화를 지연시킨다. 더욱이 조력 발전, 파력 발전, 조류 발전 등 재생 에너지를 바다에서 생산한다면 화석 연료의 소비를 줄여서 온난화를 지연시키는 역할을 할 수도 있다.

여전히 해저 여행은 아름다울까?

중요한 것은 내가 열 달도 안 되는 기간 동안 바다 밑으로 2만 해리나 여행을 했다는 사실이다. 태평양과 인도양, 홍해, 지중해, 대서양, 남극해, 북극해. (……) 나는 그곳에서 놀라운 일들을 경험했다. (……) 열 달 동안이나 그와 함께 바다 밑을 여행했는데, 이 세상 모든 사람 가운데 바닷속 깊은 곳을 거닐어 본 사람이 있다면 그것은 오직 두 사람, 바로 네모 선장과 나뿐일 것이다. _205~207쪽

아로낙스 박사의 포로 생활은 영원히 잊을 수 없는 아름다운 추억이 되었다. 비단풀, 다시마, 삿갓말 등 온갖 종류의 식물이 나무처럼 빽빽이 들어차 있었던 크레스포 섬 밑 바다, 파랑쥐치와 고등어, 울프 유니콘 같은 작은 물고기들이 노니는 인도양 등 아로낙스의 기억 속 해저는 맑고 풍부했다. 이런 추억을 가지고 있다 보니 아로낙스 박사는 자신을 포로로 잡았던 네모 선장의 안전과 미래를 걱정하고, 네모 선장의 행복을 빌어 줄 만큼 정이 들었다. 마치 '스

톡홀름 신드롬'처럼 말이다. 스톡홀름 신드롬은 인질이 범인과 오랜 시간 동안 함께 지내면서 범인에게 연민을 느끼게 되고 오히려 범인을 잡으려는 경찰을 적대시하는 심리 현상을 말한다. 1973년 스웨덴 스톡홀름에서 일어난 인질 사건에서 생겨난 말이다.

아무튼 아로낙스 박사가 지금 바닷속으로 들어간다면 어떨까? 지금도 19세기 중반의 바다처럼 맑을까? 얼마 전 신문을 보니 2013년 현재 바닷속에는 육지로부터 유입된 쓰레기가 1년이면 10

만 9400톤이나 된다고 한다. 하천을 타고 바다로 유입되기도 하고, 해안으로부터 직접 유입되기도 하며, 항해 중인 배에서 버려진 쓰레기도 있다. 그렇게 버려진 플라스틱, 깡통, 유리병 등은 수백, 년 수천 년에 걸쳐 썩어 가며 바다를 병들게 한다.

맑은 바다는 인간에게 휴식과 안정을 가져다 준다. 바다는 최고의 휴양지이며 관광지이다. 과연 바다가 없다면 우리 인류는 밝은 미래를 꿈꿀 수 있을까?

15소년 표류기

내가 만약 16번째 소년이었다면?

1860년 2월 14일 깊은 밤 요트 슬라우기호가 떠내려가고 있었다. 어디로 가는지 알 수 없지만, 분명한 것은 배 안에는 어른이 없었고 열다섯 명의 소년들만 타고 있었다는 사실이다. 이들은 브리앙, 자크, 고든, 드니팬, 클로스, 웹, 윌콕스, 가네트, 서비스, 백스터, 젠킨스, 에버슨, 코스터, 돌, 그리고 유일한 선원인 흑인 모코로 나이는 8~14세였다. 15소년 중 모코를 뺀 나머지는 뉴질랜드 수도 오클랜드(1865년까지 수도였으며, 지금은 웰링턴이 뉴질랜드 수도이다)에 있는 '체어맨 기숙 학교' 학생들이다. 이 학교는 뉴질랜드 학생들과 오스트레일리아, 미국, 영국, 프랑스 등지에서 온 부유층 자식들이 다니는 학교였다. 그런데 멋진 요트 여행을 기대했던 소년들의 바람과 달리 여름 방학 계획에 없던 표류가 시작된 것이다.

"철썩철썩 쏴!"

"우르릉 쾅!"

먹물을 끼얹은 듯 아무것도 보이지 않는 바다 위에 가랑잎처럼 떠밀려 다니는 한 척의 배가 있었다. 그 배의 큰 돛대는 꺾였고 돛은 찢겨 있었다. 더구나 배의 이름판마저 떨어져 나가고 없었다. (……) 100톤 정도 무게의 요트인 슬라우기호와 이 배에 탄 사람들의 운명이 어떻게 될지는 아무도 알 수 없었다. _7쪽

배가 표류한 지 한참이 지난 후에야 소년들은 자신들이 탄 배가 항구를 떠났다는 사실을 알게 된다. 갑판 위로 나와 보니 망망대해였다. 나중에 알게 되지만 간밤에 자크가 배를 묶어 둔 밧줄을 풀어 버린 것이다. 소년들의 두려움은 아랑곳없이 슬라우기호는 폭풍을 맞고 높은 파도를 건너며 20여 일을 표류한다. 바람과 파도에 실려 표류하던 배는 알 수 없는 섬에 닿는다. 바다로 둘러싸여 있다는 사실은 미래를 장담할 수 없는 공포였다. 겨울이 오기 전에 모두가 살 곳을 찾아 나서야 했다. 소년들은 섬 한가운데 있는 큰 호숫가에서 겨울을 지낼 동굴을 발견한다.

아무도 살고 있지 않는 무인도라는 것이 소년들에게는 무섭기도 했지만, 다른 한편으로는 흥미진진한 호기심을 자아내기도 했다. _67쪽

15소년의 무인도 생활이 시작되었다. 동굴에 자리를 잡고 사냥과 낚시로 먹을 것을 구했으며, 학습 시간표를 짜서 공부도 했다. 숲 속에 함정을 파고 짐승을 사로잡아 우리에 가두어 길렀고, 바다표범의 살을 도려내어 솥에 넣고 끓여 등잔 기름으로 쓰기도 했다. 그뿐이 아니다. 섬을 탐험해서 섬 지도를 만들고, 곳곳에 지명도 붙이고 대통령도 뽑았다. 역시 공부가 중요하다. 보고 배운 게 있어서 15소년은 나름대로 문명 사회를 만들어 가고 있었다.

그러던 어느 날, 소년들은 해변에 쓰러져 있던 케이트 아주머니를 통해 자신들이 머물고 있는 섬이 칠레에서 그리 멀지 않은 곳이라는 것을 알게 된다. 하지만 곧 섬은 악당들이 함께 있는 위험한 곳이 되었고, 소년들은 악당들을 피해 빨리 섬을 빠져나가야 했다. 커다란 연에 바구니를 달고 하늘 높이 올라가 악당들의 위치를 파악하지만 악당들 역시 소년들이 섬에 있음을 알게 된다. 그리고 얼마 뒤 악당들이 쳐들어오자 소년들은 온 힘을 다해 악당들을 물리친다. 그리고 악당들이 타고 온 배를 수리해서 모두 함께 타고 섬을 떠난다. 그렇게 바다를 항해하다 지나가던 기선에 구조되어, 처음에 떠났던 항구로 돌아온다. 2년이란 시간이 지난 1862년 2월 25일이었다. 사실 이 소설의 원제목은 '2년간의 휴가'(Deux ans de Vacances)이다.

소설 속 열다섯 명의 소년들은 자신들이 원하지 않았지만 2년간 여행을 했고, 그들의 여행기는 그 자체가 '지리'가 되었다. 수천 킬로미터를 서쪽으로 표류한 것, 섬을 탐험하고 지명을 붙인 것, 하나의 사회를 조직한 것 등 소년들이 마치 지리학자가 된 듯하다. 그리고 이 소설은 15소년을 통해 '지리학'이 인간에게 얼마나 유용한 학문인지를 절실히 느끼게 해 준다.

15소년이 탄 배는 왜 칠레 쪽으로 표류했을까?

편서풍과 서풍 피류

"앗! 사……사람이다!"

"아직 살아 있어. 자크! 빨리 가서 브랜디와 과자 좀 가져와."

"알았어!"

"무인도에 사람이 있다니!"

"으응……."

"이것 좀 드세요."

쓰러져 있는 사람은 마흔에서 마흔다섯 살 정도 되어 보이는 백인 여자였다. 옷은 말짱했으며, 고동색 숄을 어깨에 두르고 있었다. 정신없이 과자를 받아먹던 여자는 브랜디를 한 모금 더 마시고는 이젠 살겠다는 듯 입을 열었다. _189쪽

나무 밑에 쓰러져 있던 아주머니는 미국인 케이트였다. 세번호라는 배를 타고 칠레로 가던 중 악당들이 폭동을 일으킨 데다 폭풍까지 만나 그 악당들과 함께 이 섬에 표류해 온 것이다. 그리고 케이

트 아주머니를 통해 이 섬이 대양 한복판에 있는 무인도가 아니라 칠레에서 그리 멀지 않은 곳에 있는 섬이라는 것을 알게 되었다.

그런데 뉴질랜드를 떠난 배가 왜 칠레 앞바다에 있는 것일까? 바닷물은 일정한 방향과 속도를 가지고 이동한다. 이렇게 이동하는 바닷물을 '해류'라 하는데, 슬라우기호가 저절로 표류한 것도, 한참을 표류한 후 섬에 닿은 것도 해류 때문이고, 해류 덕분이다. 해류는 바다의 표면에서도 그리고 깊은 곳에서도 나타나는 바닷물의 움직임이다. 하지만 보통 해류라고 하면 바다 표면에서 나타나는 것을 말한다. 슬라우기호가 서쪽에서 동쪽으로 표류한 이유는 서풍 피류(서풍 표류)라는 해류 때문이다. 그리고 해류의 방향을 결정하는 데 큰 영향을 주는 것은 바람이다. 뉴질랜드가 있는 중위도 지역은 1년 내내 강한 편서풍이 분다. 편서풍은 서쪽에서 동쪽으로 부는 바람으로, 중위도 지역에서 분다. 소년들이 섬에서 겨울을 날 준비를 해야 했던 이유도 이 섬이 겨울이 있는 중위도에 위치하고 있기 때문이다.

북반구 중위도에 있는 우리나라도 상공에는 1년 내내 편서풍이 분다. 편서풍은 항상 일정한 방향으로 불기 때문에 항상풍이라고 한다. 할머니 할아버지가 서쪽 하늘을 보고 "내일은 비가 오겠군." 또는 "내일은 맑겠네."라고 추측할 수 있는 것도 서쪽에서 불어오는 편서풍 때문이다. 따라서 우리나라는 서해와 중국 동부의 날씨 상태에 민감할 수밖에 없다.

편서풍은 지속적으로 바다 표면을 흔들며 바람이 가는 방향으로 바닷물이 움직이게 한다. 이렇게 해서 생긴 해류, 곧 서풍 피류는 바람보다는 속도가 느리지만 콜럼버스의 배를 아메리카에서 다시 유럽으로 이동시킬 만큼 힘이 세다. 15소년이 약 20일 동안 8000km를 표류하여 칠레 앞바다의 어느 섬으로 흘러간 이유는 바로 편서풍 때문이었다.

호랑이는 죽어서 가죽을, 인간은 죽어서 이름(지명)을 남긴다?

지명의 지리학

"우리가 있는 이 섬의 이름을 붙였으면 해." 소년들은 입을 모아 좋다고 찬성했다.

자신들이 새로 정착한 섬에 이름을 붙이는 것은 무엇보다 흥미로운 일이었다. 소년들은 자신들이 섬의 주인이라도 된 듯 즐거워했다.

"잘 외워지고 쉽게 부를 수 있는 이름을 붙이자."

"여기 동굴은 '프렌치 댄'이라고 이름을 붙였으니까 됐고, 또 배가 좌초된 곳은 '슬라우기 만'이라고 하면 좋을 것 같아. 이 섬의 이름은 무엇이 좋을까?" _87~88쪽

소년들은 서로서로 기억하는 곳에 이름을 붙였다. 이 섬은 체어맨 섬, 그들이 떠나온 강은 '뉴질랜드 강', 벼랑은 고향 도시의 이름을 따서 '오클랜드 언덕', 함정이 있는 숲은 '함정 숲', 징검다리가 놓인 강은 '징검다리 강', 북쪽의 곶은 '북쪽 곶', 남쪽의 곶은 '남쪽 곶', 서해안 3개의 곶은 각각 '잉글랜드 곶', '프랑스 곶', '아메리카 곶'이라고 붙였다.

15소년은 참 현명했다. 지명을 붙여 서로 소통할 수 있는 환경을 만들어 냈으니 말이다. 지명은 땅의 이름이고, 마을의 이름이고, 도

시의 이름이고, 나라의 이름이다. 지명은 내 이름처럼 누군가에게 기억되기 위해서는 반드시 필요한 것이다. 그리고 지명은 단순히 기억되는 데서 그치지 않고, 그 땅에 사는 사람들이 누구인지를 말해 주는 정체성이다. 왜 그럴까? 우리가 평소에 지나다니는 길모퉁이는 무심히 지나가는 한 '공간'이지만, 그곳에서 사랑하는 사람을 만나던 사람에게는 추억의 '장소'다. 마치 김춘수 시인의 「꽃」처럼 말이다. "내가 그의 이름을 불러 주기 전에는 그는 다만 하나의 몸짓에 지나지 않았다. 내가 그의 이름을 불러 주었을 때, 그는 나에게로 와서 꽃이 되었다."

이처럼 지명을 붙인다는 것은 그냥 무심히 지나칠 수 있는 공간을 기억의 장소로 만들어 주는 일이다. 그리고 지명이 있는 장소는 하나의 역사를 기록하고 있다. 알지 못하던 대륙 아메리카에 도착한 유럽인들이 아메리카에 많은 지명을 붙인 것도 마찬가지다. 아메리카에는 『15소년 표류기』의 '체어맨 섬'처럼 여러 이유로 붙은 지명들이 많다.

먼저 아메리카 원주민들이 붙인 지명을 살펴보자. 북아메리카의 캐나다는 '오두막이 모인 곳', 로키 산맥은 '바위가 많은', 매사추세츠 주는 '큰 언덕 기슭', 미시간 주는 '큰 호수', 미주리 주는 '큰 통나무배'란 뜻이다. 미시시피 강은 '큰 강', 나이아가라 폭포는 '땅이 둘로 갈라진 곳'이란 뜻이다. 원주민이 붙인 지명은 중남부 아메리카에도 있는데 쿠바는 '중심지', 페루의 수도 리마는 '예언하는 곳', 칠레는 '땅 끝'이란 뜻이다.

지명을 어떻게 붙일까?

지명은 여러 방법으로 붙인다. 먼저 자연에서 따온 이름이 아주 많다. 우주·태양·달·별이나 동서남북 방향이나 위치, 산·바다·강·평야·고원 등 지형을 담고 있다. 예를 들면, 지명 중 '스탄'이 붙은 나라가 있다. 파키스탄, 아프가니스탄, 우즈베키스탄처럼 말이다. 스탄은 페르시아어로 '나라, 지역'이다. 이 나라들은 모두 페르시아 문화권에 속했던 이슬람 국가라는 공통점이 있다. 유럽에 흔한 '란드'(땅, 지역, 나라)도 그렇다. 네덜란드는'낮은 땅', 아이슬란드는 '빙하의 땅', 핀란드는 '핀족의 땅'이란 뜻이다. 유럽에는 독일어로 '부르크'가 붙는 지명이 많다. 부르크(burg)는 '성, 도시'를 뜻한다. '초원의 성' 함부르크, '소금의 성' 오스트리아 잘츠부르크, '자유의 성' 프라이부르크, 그리고 룩셈부르크도 '작은 성의 도시'란 뜻이다.

지명은 자존심이다. 식민지 때 이름이나 독재자가 붙인 이름을 버리고 과거의 이름이나 새 지명을 붙이는 경우도 있다. 미얀마는 1989년까지 버마로 불렸다. 이 지명은 영국 식민지 시대인 1885년부터 부르던 것인데, 1989년 새 정부가 들어서면서 미얀마로 바꿨다. 미얀마란 '깨끗한 땅'이란 뜻이다. 물론 이름을 붙인 정부가 군사 독재 정권이므로 미얀마라는 이름에 반대하여 '버마'로 부르자는 민주 인사들도 있다. 스리랑카도 본래는 실론이었다. 인도의 눈물로 보이는 나라 스리랑카는 1972년까지 실론으로 불렸으나 이곳 언어로 '크고 밝게 빛난다'는 뜻의 스리랑카로 바뀌었다. 인도의 뭄바이도 이런 곳이다. 뭄바이란 마라티어로 봄베이를 말한다. 봄베이는 너무 유명해서 '뭄바이'로 부르면 아직까지 모르는 사람도 많다. 약 500년 전 뭄바이를 정복한 포르투갈인들이 '봄바이아', 즉 '멋진 항구'라고 이름 붙였다. 이후 1994년까지 봄베이로 불렸다. 봄베이는 지금도 사전이나 언론에서 뭄바이와 함께 쓰이고 있다. 또 캘커타는 인도 식민지 시절 수도였다. 2000년, 캘커타는 콜카타란 벵골어 지명으로 바뀌었다.

한편, 아메리카가 원주민의 땅에서 유럽인의 땅으로 바뀌면서 곳곳에 유럽인이 붙인 지명이 늘어났다. 북미의 콜로라도 강은 에스파냐어로 '붉은', 시에라네바다 산맥은 '눈의 산맥', 세인트로렌스 강은 고대 로마의 순교자인 성 로렌스의 이름을 딴 것이다. 프랑스어로 캐스케이드 산맥은 '폭포', 몬트리올은 '왕의 산'이란 뜻이고, 캘리포니아 주는 중세 프랑스 소설의 '미녀와 황금의 섬'에서 유래하였다. 베네수엘라의 마라카이보는 16세기에 에스파냐인과 싸우다가 죽은 원주민의 추장 '말라'와 '카요'(죽음)의 합성어로 '말라가 죽었다'란 뜻이다.

또 아르헨티나의 파타고니아 고원은 '발이 큰 사람들이 사는 땅'이란 뜻이다. 마젤란이 이곳 원주민들이 큰 모피 방한화를 신고 큼직한 발자국을 남긴 것을 보고 붙인 지명이라고 한다. 아르헨티나는 '은'이란 뜻이다. 아르헨티나는 이탈리아 탐험가가 강가에서 원주민에게서 은을 얻은 후 이곳에 은이 많을 것이라 생각하고 '은'이란 뜻을 가진 '라플라타 강'이라 이름을 붙였다. 1816년 이 지역이 라플라타 연방으로 독립하면서 식민지 시절의 명칭인 '라플라타'를 버리고, 1826년에 똑같이 은이란 뜻의 '아르헨티나'로 이름을 바꿨다.

해프닝으로 지명이 생긴 예도 있다. 마치 캥거루처럼 말이다. 호주에 도착한 유럽인이 캥거루를 보고 그곳 원주민에게 뭐냐고 물었더니, '캥거루'라고 말했단다. 원주민은 '모른다'라는 뜻으로 캥거루라고 했는데, 그것이 오늘날 캥거루의 이름이 되었다. 이처럼 유카탄 반도는 에스파냐인이 이곳에 도착하여 여기가 어디냐고 묻자, 원주민이 "네? 뭐라고요?"라고 대답한 '유카탄'을 지명으로 착각해서 생긴 이름이다.

이처럼 역사 속의 여러 가지 사건이 지명에 반영되어 있듯, 『15소년 표류기』의 소년들이 붙인 지명에도 소년들이 떠나온 고향과 표류한 역사가 반영되어 있다. 이렇게 지명에 반영된 여러 가지 사실과 사건, 인간의 의식을 연구하는 학문을 지명학이라고 한다. 지명 속에는 그 지역의 독특한 자연환경과 문화, 곧 자연 속 인간의 발자취를 담은 정보가 들어 있다. 그러므로 지명은 곧 문화유산인 셈이다.

내가 만약 16번째 소년이었다면?

"굉장하구나, 그런데 이 지도대로라면 사면이 바다야. 끙……."

실낱같은 기대를 하고 있었지만, 이곳이 결국 섬이란 것이 판명된 순간이었다. 모두 시무룩해졌다.

"섬, 무인도……."

서비스가 낮게 중얼거렸다.

"그래, 여기는 섬이야. 프랑수아 보두앙은 결국 구조되지 못하고 이곳에서 일생을 마친 거야."

불안한 마음이었다. 육지와 육지로 이어지는, 그래서 육지의 길을 통해 집으로 돌아갈 수 있는 대륙이기를 바랐지만 그곳은 섬이었다. 15소년이 도착한 섬은 53년 전에 프랑스인이 살다가 간 것을 빼고는 사람이 살았던 흔적이 없는 무인도였다. _61쪽

누구나 소년들처럼 좋은 학교에 다닐 수는 없지만, 누구나 바다에서 표류할 수 있고 누구나 무인도에서 살게 될 운명일 수 있다. 고려의 정몽주는 사절단으로 중국 남경에 갔다 돌아올 때 태풍을 만나 배가 부서져 표류하다가 겨우 바위섬에 다다랐다. 정몽주는 배가 너무 고파서 말다래(말안장에 매단 가죽)를 먹으며 13일을 견뎠다고 한다. 최근에도 뉴질랜드 바다에서 실종된 10대 3명이 50일 만에 구조됐다. 이 소설 속에서 무덤 없이 시신으로 발견된 53년 전 그 프랑스 사람의 운명도 그랬다. 그가 혼자 살다 간 것으로 보아 이 섬은 그때도 무인도였다는 것을 알 수 있다.

무인도란 사람이 살지 않는 섬을 말한다. 하지만 국제 해양법에서는 유인도를 두 세대 이상이 거주하고, 식수가 있어야 하며, 나무가 자라는 섬으로 정하고 있다. 그래서 이 세 가지 조건 중 한 가지만 부족해도 무인도인 셈이다. 따라서 한 세대가 섬에 들어가서 거주한다면 이 섬은 무인도다. 내가 표류하다가 무인도에 닿았을 때 그 섬에 한 사람이라도 있다면 다행이겠지만 지구에는 정말 아무도 살지 않는 섬이 수없이 많다. 우리나라만도 등록되지 않은 섬이 현재 약 1500개인데, 실제 조사를 한 결과 900여 개는 더 있을 것으로 추정된다고 한다. 내가 사고로 무인도에 도착한다면 어떻게 해

야 할까?

15소년 표류기는 이런 어려운 상황에서 어떻게 하는 것이 현명한지 답을 알려 주는 듯하다.

무인도에서 살아남으려면……

먼저 물을 구한다. 바닷물은 마시면 오히려 탈수 증상이 더 심해진다. 계곡이나 호수를 찾았다면 다행이고, 아니라면 곤충이나 새를 쫓아가 보는 것도 물 찾는 데 도움이 된다. 만약 계곡이나 호수가 없다면 바닷물을 식수로 만들어야 한다. 소금물을 끓이면 수증기가 생기고, 그 수증기를 다시 액화하면 순수한 물이 된다. 힘들게 얻은 물이니만큼 그릇이나 대나무 마디에 잘 보관한다.

이제 불을 피워 보자. 나무를 뾰족하게 만들어 양손으로 돌려 마찰하여 피울 수 있지만 쉽지는 않다. 돋보기 같은 안경이나 렌즈가 있으면 햇빛을 모아 마른풀이나 종이를 태워 불을 붙이기가 쉽다. 투명한 비닐로도 가능한데, 비닐을 반구 모양으로 만들어 물을 약간만 채우면 물 렌즈 완성. 이것으로 태양빛을 모아 불을 피우면 된다.

다음은 먹거리를 찾아보자. 숲에서 열매를 구하고, 물고기를 사냥한다. 물고기를 잡으려면 큰 돌로 물 위로 조금 나와 있는 돌을 내려친다. 그러면 그 충격으로 숨어 있던 물고기들이 기절을 한다. 또 계곡에 돌 그물을 만들어 물고기를 가두어 잡을 수도 있다. 갯벌이 있다면 조개나 게를, 새 둥지가 있다면 새알을 구할 수도 있다. 화려한 색의 독버섯은 정말 조심해야 한다. 만약 고기가 있다면 자갈을 불에 구워 파 놓은 땅에 넣은 다음, 고기를 나뭇잎으로 싸서 올려놓고 그 위에 달궈진 돌을 올리면 고기가 익는다.

마지막으로 구조 신호를 열심히 보낸다. 낮에는 불을 피워 연기로, 밤에는 불빛으로 신호를 보낸다. 낮에 연기를 피울 때는 잘 타는 나무를 밑에 놓고 그 위에 연기가 많이 나는 건조되지 않은 풀을 올려놓는다. 그다음 SOS 신호를 보낸다. 짧게 3번, 길게 3번, 짧게 3번의 불빛을 계속 보내는데, 나뭇잎으로 가렸다 보여 주면 신호가 된다. 그리고 모래사장에 크게 SOS라고 써 놓는 것도 좋은 방법이다.

Ⅳ. 문학 속의 인구와 사회문제

- 소녀는 왜 성냥팔이가 되었을까? 성냥팔이 소녀
- 미운 아기 오리들은 어디서 살아야 할까? 미운 아기 오리
- 조선의 여성, 현대의 여성 열녀 함양 박씨전 변서
- 행복동 주민들은 왜 행복하지 못할까? 난장이가 쏘아 올린 작은 공

낙원구 행복동

성냥팔이 소녀

소녀는 왜 성냥팔이가 되었을까?

새해를 하루 앞둔 겨울밤이었다. 성냥팔이 소녀가 추운 거리를 걷고 있었다. 소녀는 사람들이 지나는 거리 모퉁이에 이르러 자리를 잡고 앉았다.

"성냥 사세요, 성냥 사세요."
누덕누덕 기운 옷을 입고, 너무 커서 헐렁거리는 나막신을 신은 성냥팔이 소녀였습니다. _4쪽

추운 겨울밤이라 거리를 지나는 사람도 많지 않았지만, 그나마 소녀 곁을 지나치는 사람들도 바삐 발길을 재촉할 뿐이었다. 이때

금 소녀에게 눈길을 주는 이도 있었지만 '불쌍한 소녀구나.'라고만 생각하고 제 갈 길을 갈 뿐이었다. 소녀의 바구니에 가득 담긴 성냥은 좀처럼 줄지 않았다. 밤이 깊어갈수록 추위도 심해졌지만 소녀는 집으로 돌아갈 생각을 못 하고 있었다. 성냥을 팔지 못하고 집으로 가면 무서운 아버지에게 매를 맞을 테니 말이다.

결국 소녀는 거리에서 꽁꽁 언 손을 녹이기 위해 성냥 한 개비를 켰다. 빨갛게 타오르는 불꽃 속에는 소녀가 바라고 원하는 것이 함께 피어올랐다. 처음 성냥 불빛은 큰 난로가 되고, 다음은 맛있는 음식이 되고, 세 번째 불빛은 예쁜 크리스마스트리가 되었다. 그리고 크리스마스트리에 달린 불빛은 높은 하늘로 올라가 빛나는 별이 되었다. 그 불빛 속에 할머니가 나타났다.

"할머니도 난로랑 케이크처럼 사라지고 마나요? 이 성냥불이 꺼지면 나 혼자 남겨 두고 가실 건가요?" 소녀는 마음이 급해졌습니다. 성냥불이 꺼져 가고 있었으니까요.

"할머니, 나를 데려가 줘요! 혼자 두지 마세요." _4쪽

소녀는 할머니를 보며 눈물로 부탁을 했다. 하지만 불빛 속 할머니는 그리 오래 머물지 않았다. 성냥불이 꺼지려고 하면 할머니의 모습도 사라지려 했다. 소녀는 계속해서 할머니를 머무르게 하려고 남은 성냥을 켜고 또 켰다. 얼마나 시간이 흘렀을까, 소녀는 가지고 있던 성냥을 몽땅 써 버렸다. 마지막 성냥불이 꺼지자 사방이 밝아

지면서 소녀는 할머니에게 안긴 채 하늘 높이 올라갔다. 소녀의 마지막 소원이 이루어진 것이다. 추운 밤이 지나고 날이 밝자, 사람들은 소녀가 미소를 띤 채 죽어 있는 것을 보았다. 그러나 소녀가 어떤 아름다운 것을 보았는지, 얼마나 축복을 받으며 할머니와 함께 즐거운 새해를 맞이하였는지 아는 사람은 아무도 없었다.

이 이야기는 작가 안데르센이 가난한 소녀 시절을 보낸 어머니를 생각하며 쓴 작품이라고 한다.

소녀는 왜 성냥팔이가 되었을까?

근대 유럽의 어린이 노동사

아침부터 아무것도 먹지 못한 소녀는 점점 작아지는 목소리 때문에 눈물이 날 것만 같았습니다.

"아, 이를 어째. 성냥을 한 갑도 팔지 못했네." 소녀는 집에 돌아갈 수가 없었어요. 돈을 못 벌어 오면 아버지에게 매를 맞아야 했으니까요. (……)

소녀는 갑자기 엄마가 보고 싶었어요.

"엄마……."

입속으로 조그맣게 엄마를 불러 보았어요. 엄마가 살아 계셨다면 자기도 즐거운 크리스마스를 맞을 수 있을 텐데 하는 생각을 했습니다. _16쪽

추운 겨울밤, 소녀는 굶주린 채 성냥을 팔았다. 부모님은 뭘 하고 어린 소녀가 성냥을 팔며 돌아다니는 것일까? 소녀의 아버지는 일없이 술로 세월을 보내는 주정뱅이였을 것이다. 어린 딸을 때려 가며 돈벌이 시키는 아버지라면 그 이하의 인간일 수도 있다. 어머니도 힘들게 살다 돌아가셨다. 슬프게도 이 작품이 나온 1840년대 유럽에는 이런 일들이 많았다. 그 이유는 바로 산업 혁명 때문이었다.

산업 혁명은 획기적인 생산 방식으로 감탄과 찬사를 받았지만, 한편으론 어두운 그림자를 남겼다. 공장에서 방직기나 방적기 같은 기계를 이용해 대량으로 물건을 만드는 세상이 되자, 집에서 손으로 옷이나 양말 같은 물건을 만들던 사람들은 실업자로 전락했다. 직장을 잃은 사람들이 모여 기계가 지배하는 세상을 규탄했으며, 밤이면 가면을 쓰고 공장과 기계를 부숴뜨리는 일까지 벌어졌다. 이 사건을 러다이트 운동(1811~1812년, 1816년)이라고 한다. 하지만 정부는 이들을 보살피기는커녕 사형에 처하거나 추방했다.

그럼 공장에서 일하는 노동자들은 부유하게 살며 행복했을까? 그렇지도 않았다. 산업화 초기의 공장은 지저분하고 힘든 노동에 시달리는 곳이었고, 그렇게 일을 해도 사장으로 불리는 자본가와 달리 노동자들은 늘 가난했다. 공장 노동자들은 성냥갑 같은 공장에서 하루 12~14시간씩 일했지만 받는 돈은 몇 푼 안 됐다. 그뿐 아니라, 먹고 살기 힘들다 보니 여자와 어린아이들까지 공장에서 일하게 됐다. 열 살도 채 안 된 아이들이 새벽 5시부터 밤 7시까지 일하는 경우도 있었다. 어떤 아이들은 일을 게을리한다며 매를

● 산업 혁명 이후 방적 공장에서 일하는 아이들

맞기도 했고, 하루 종일 서서 일하다 보니 무릎이 휘는 아이도 생겼다. 사회적으로 어린이에 대한 노동 착취가 심각해지자 영국에서는 1833년에 13세 이하의 어린이에게 하루 8시간, 일주일에 6일 이상 일을 시키지 못하게 하는 공장법을, 1842년에는 10세 이하의 어린이나 여자를 광산에서 일할 수 없게 하는 법을 만들 정도였다.

한편, 도시는 일거리를 찾아 농촌에서 몰려든 많은 사람들로 인해 집, 도로, 상하수도 등 부족하지 않은 것이 없었다. 오염된 물을 마셔 전염병이 유행하기도 했다. 아무리 열심히 일해도 가난과 비참함을 벗어나기 힘들었다. 결국 노동자들은 부를 독차지한 자본가에게 "더 이상 이렇게 살 수 없다. 인간답게 살게 해 달라."며 저항

했다. 하지만 돌아오는 것은 '해고'였다. 노동자 개인이 바꿀 수 있는 것은 없었다. 1840년대, 참다못한 노동자들이 임금과 작업 환경을 개선하기 위한 '노동조합'을 만들어 단체 행동에 나섰다. 비로소 하루 10시간 이하로 일하게끔 법이 정해지고 노동자의 권리는 조금씩 신장되었다.

이런 역사를 보면 성냥팔이 소녀와 그의 가족들은 산업화와 자본주의가 인간을 점령하기 시작한 세상의 첫 번째 피해자들이었을지도 모른다.

소녀는 어떤 성냥을 팔았을까?

성냥의 역사

"그래 성냥을 켜면 조금은 따뜻해질 거야." 소녀는 곱은 손으로 간신히 성냥 한 개비를 뽑아내었어요.

'탁' 하는 소리와 함께 성냥에 빨간 불꽃이 '확' 타올랐습니다. 작은 성냥불이 소녀의 꽁꽁 언 손을 조금 녹여 주었습니다. _20쪽

소녀의 마지막을 함께한 것은 가느다란 몸에 머리엔 붉은 화약을 두른 성냥이었다. 지금은 라이터를 많이 쓰기 때문에 성냥의 역사와 가치를 거의 모를 것이다. 성냥은 단순하고 볼품없이 생겼지만 지난 180년 동안 인간 세상을 바꾼 대단한 발명품들 중 하나다. 성

냥은 나뭇개비에 불이 잘 붙는 인을 발라 만든 불붙이는 도구이다.

최초의 성냥은 1827년 영국인 존 워커가 만들었다. 약국을 운영하던 워커는 가끔 총이나 포의 뇌관에 사용되는 폭발성 화학 혼합물을 제조했다. 그러던 어느 날 그는 황화안티몬과 염화칼륨을 동일한 비율로 혼합한 것을 거친 면에 부딪쳐서 마찰을 일으키면 불이 붙는다는 사실을 발견했다. 이렇게 해서 세상에 나온 마찰 성냥은 '콘그리브스'라 불렸고, 염화칼륨, 황화안티몬, 아라비아고무, 산화철의 혼합물로 만들어졌다. 하지만 마찰 성냥은 생산 과정과 불이 붙는 순간에 독성이 나오는 데다 운반 도중에 흔들리기만 해도 불이 붙을 위험이 있었다.

1844년, 스웨덴의 구스타프 에릭 파쉬는 마찰 성냥의 위험을 없앤 안전성냥을 개발했다. 안전성냥은 독성이 강한 황린(黃燐) 대신 독성이 적고 인화성이 떨어지는 적린(赤燐)을 썼다. 또 성냥 머리에 붙어 있던 인을 분리하여 새로운 마찰면으로 옮겼다. 이제 성냥 머리에는 황화안티몬과 염화칼륨이 남게 되었고, 마찰면은 적린과 마찰력을 높이기 위한 유리 가루로 채워졌다. 그런데 안전성냥은 안전하긴 했지만 생산비가 많이 들어 가격 경쟁력이 떨어졌다. 이후 스웨덴 사람 존 에드바르트 룬트스톰이 마찰면이 성냥갑에 붙은 안전성냥을 개발해 생산비를 줄이면서 세계 시장을 독점하다시피 했다. 나뭇개비는 피나무 · 사시나무 · 포플러나무 등으로 만들었다. 한편 '바비큐 성냥'이라고 부르며 벽난로용으로 사용되는, 길이가 28cm나 되는 긴 장축 성냥도 있었다.

오늘날 세계적으로 널리 쓰이는 성냥은 안전성냥이다. 우리나라도 안전성냥을 쓴다. 하지만 안전성냥도 실제로는 독성 물질이 약간은 나왔다. 1910년에 미국에서 최초로 비독성 성냥으로 특허를 받은 것은 다이아몬드 성냥 회사였다.

그럼 소녀가 팔던 성냥은 무엇이었을까? 1844년에 해가 없는 안전성냥이 발명되기 전까지는 발화 연소제로 황린을 사용한 마찰 성냥이 쓰였다. 성냥팔이 소녀가 1845년에 발표된 작품인 것을 감안하면 소녀가 팔던 성냥은 안전성냥이 보편화되기 전에 많이 쓴 마찰 성냥이었을 가능성이 크다.

왜 아무도 성냥을 팔아 주지 않았을까?

"성냥 사세요, 제발 한 갑만 팔아 주세요."

소녀가 아무리 소리쳐도 사람들은 흘깃 쳐다볼 뿐 그냥 지나쳤습니다.

"성냥 사세요, 성냥……." _6쪽

추운 밤이 지나고 다음 날 아침이 되었어요.

창가 아래 어린 소녀가 쓰러져 있었어요.

소녀의 옆에는 타다 만 성냥개비만 수북했습니다.

"아이, 가엾어라."

"성냥불로 몸을 따듯하게 하려고 했나 봐요."

사람들은 눈물을 흘리며 안타까워했어요. _38쪽

그날 밤 소녀를 본 행인들 중 소녀가 죽을 수 있다는 생각을 한 사람이 있었을까? 만약 그랬는데도 지나쳤다면 그 사람은 정말 겨울밤보다도 더 차가운 냉혈 동물이다. 성냥팔이 소녀가 성냥을 하나도 팔지 못하는 이유는 여러 가지가 있겠지만 '방관자 효과'도 한몫했다. 방관자는 어떤 일에 간섭하지 않고 지켜보기만 하는 사람이다. 사건이 눈앞에서 일어나고 있는데도 '다른 사람이 돕겠지.'라고 생각하며 자신은 방관자가 되어 아무 도움을 주지 않는 구경꾼 현상이 바로 방관자 효과이다. 보통 어려움에 빠진 사람 주위에 사람이 많으면 많을수록 오히려 도움을 받을 확률은 낮아진다고 한다. 보는 사람이 많으니 누군가 도와주겠지 하는 심리적 요인 때문이다. 물론 모든 사람들이 다 그런 것은 아니다. 보통 정치인들은 지켜보는 사람이 많으면 많을수록 적극적으로 나선다고 한다.

추운 겨울밤이 지난 다음 날 성냥팔이 소녀의 죽음을 확인한 사람들의 마음은 어땠을까? 그제야 후회하고 가슴 아파하지 않았을까? 서구 사회에서 사회 복지 제도와 사회 보장 제도가 일찍 발달한 이유가 '성냥팔이 소녀'를 더 이상 만들지 말자는 무언의 공감 때문은 아니었을까?

미운 아기 오리들은 어디서 살아야 할까?

마침내 알이 깨지더니 크고 못생긴 오리가 나왔어요.
다른 아기 오리들과는 너무 달랐어요.
엄마 오리는 칠면조일 거라고 생각했어요. _11쪽

미운 아기 오리를 보자 농장 동물들이 외쳤어요.
“저 아기 오리 좀 봐, 정말 못생겼어.”
“그만둬, 아무도 못살게 굴지 않잖아. 튼튼하게 자라서 큰 인물이 될 거야.”
엄마 오리가 말했어요.
“너무 크고 이상해.”

다른 아기 오리들도 미운 아기 오리를 부리로 쪼며 못살게 굴었어요. _14쪽

결국 미운 아기 오리는 집을 떠난다. 그리고 착한 할머니가 사는 집에 머물게 되었다. 할머니는 미운 아기 오리 말고도 고양이와 닭을 키우고 있었다. 할머니는 집 잃은 오리가 불쌍해서 더 사랑해 주었다. 그러자 샘이 난 고양이와 닭이 미운 아기 오리를 괴롭혔다. 고양이와 닭은 할머니가 집을 비울 때면 서로 잘났다고 싸우고, 틈만 나면 미운 아기 오리를 괴롭혔다. 결국 오리는 할머니 집에서도 나왔다. 날이 추워지고 있어서 걱정되었지만 집단 괴롭힘을 참기는 힘들었다.

며칠이 지난 후 미운 아기 오리는 큰 호숫가에 도착했다. 미운 아기 오리는 눈 내리는 호수에서 무리 지어 쉬고 있는 우아한 백조를 보며 '나도 백조였으면 좋겠다.'라고 생각했다. 미운 아기 오리는 추위와 배고픔을 이기지 못해 쓰러졌고, 그곳을 지나던 나무꾼이 발견하여 자기 집으로 데려갔다. 나무꾼은 정성 들여 아기 오리를 보살폈다. 그 집에는 고양이도 닭도 없었다. 그러던 어느 날 미운 아기 오리만 집에 있었는데, 쥐가 나타나서 식탁의 음식을 엉망으로 만들어 놓았다. 나무꾼 가족은 이를 미운 아기 오리의 짓이라 생각하여 아기 오리를 내쫓았다.

어딜 가나 천대받던 미운 아기 오리는 자립하기로 결심하고 호숫가 근처 바위틈에 자리를 잡았다. 낮에는 물고기나 조개를 잡아

먹고 밤에는 낙엽을 모아 잠자리를 만들었다. 호수가 얼어서 사냥이 어려울 때는 들쥐가 나타나서 음식을 나누어 주기도 했다. 힘든 나날이었지만 추운 겨울이 지나고 봄이 왔다. 미운 아기 오리는 어느덧 아기 티를 벗고 성장해 있었다. 훌쩍 커진 날개가 근질거리기 시작했고, 두 다리에도 힘이 생겨 땅을 박차고 날아오를 수 있게 되었다. 무엇보다도 미운 아기 오리는 오리가 아니라 화려한 백조였다. 그리고 호수에서 쉬고 있는 백조의 무리로 들어가 그들과 하나가 되었다.

미운 아기 오리는 다른 오리들과 다르다는 이유로 차별받고 괴롭힘을 당했다. 그러다가 모든 고난을 이기고 성장하여 아름다운 백조가 된다.

여기서 우리는 우리 각자가 미운 오리가 아니라 백조처럼 고귀한 존재라는 깨달음을 얻는다. 그리고 '다르다는 것'이 나쁜 것은 아니며 언제나 타인을 존중해야 한다는 교훈도 얻는다.

그런데 이런 교훈이 동화를 통해 새겨지고 있다는 사실 자체가 그것이 지켜지기 어려운 일이라는 증거처럼 보이기도 한다. 인류 역사에는 그만큼 차별이나 편견에서 비롯된 갈등과 아픔이 수없이 새겨져 있다.

세상에서 가장 큰 아픔은 '차별받는 것'이다

아파르트헤이트

미운 아기 오리는 다수의 오리들에 의해 철저히 차별받았고, 고립되었다. 고양이와 닭까지도 무시하고 차별했다. 인간에게도 차별의 역사가 있다. 특히, 인종 차별의 역사는 잔인하고도 길었다. 보통 집단 괴롭힘은 다수에 의해 소수가 피해자가 되는 경우가 많다. 하지만 모든 차별이 다수에 의해서만 이루어지는 것은 아니다. 차별의 대명사로 통하는 남아프리카 공화국의 아파르트헤이트(인종분리 정책)는 소수 백인이 다수 흑인을 차별한 것이었다.

백인이 우수하고 잘났다는 생각에 뿌리를 둔 아파르트헤이트는 대표적인 인종 차별 정책이었다. 남아공에서는 17세기부터 흑백 차별의 역사가 시작되었다. 그러다 1950년, 백인이 지배하는 남아공은 국민을 반투(순수한 아프리카 흑인), 유색인(혼혈 인종), 백인으로 구분하는 주민 등록법을 시행하였다. 대놓고 인종을 차별할 수 있도록 합법화한 것이다. 이에 따라 흑인이 가질 수 있는 직업은 더럽고 위험하고 힘든 일이었고, 흑인은 백인과 결혼할 수 없었다. 이건 아무것도 아니다. 흑인은 백인과 같은 버스나 같은 기차간에 탈 수 없었고, 기차를 탈 때는 플랫폼조차도 따로 썼다. 이 어이없는 차별이 전 국민의 16%에 불과한 백인에 의해 나머지 84%의 흑인들에게 가해졌다. 더 어이없는 것은 이런 일이 흑인들의 땅에서 벌어졌다는 사실이다.

남아프리카 공화국의 백인들은 세계적으로 비난을 받았지만 차별 정책은 쉽게 사라지지 않았다. "인종 차별 정책은 이제 끝나야 한다."고 세계가 외치던 1990년대 초에도 남아프리카 공화국의 백인 정권은 만델라가 이끄는 아프리카 민족 회의(ANC)의 집권을 막고 흑인 사회를 분열시키기 위해 극우 백인 단체와 백인의 지원을 받은 잉카타(남아공 줄루족의 정치 조직)를 부추겨서 습격과 살인을 저질렀다. 이 싸움으로 1994년까지 4년간 자그마치 1만 4000여 명이 목숨을 잃었다. 그러나 구름이 해를 영원히 가릴 수 없듯, 미운 아기 오리가 백조로 비상하듯, 1994년 넬슨 만델라가 남아공 최초의 흑인 대통령으로 당선되었다. 그 후 남아프리카 공화국의 인종 차별 정책은 역사 속으로 사라졌다.

오늘날의 미운 아기 오리들은 어디서 살아야 할까?

스웨덴의 연구 기관인 '세계 가치 연구'(WP)가 발표한 2013년 보고서에 따르면, 개발 도상국의 인종 차별이 선진국보다 심한 것으로 나타났다. 세계 가치 연구는 지난 30년간 81개국 사람들을 대상으로 '이웃으로 삼고 싶지 않은 사람' 중 '인종이 다른 사람'을 꼽은 비율을 따져 보았다. 그 결과 홍콩이 71.8%로 가장 높았고 방글라데시(71.7%), 요르단(51.4%), 인도(43.5%)가 그 뒤를 이었다. 반면 인종 차별이 심한 것으로 알려진 아메리카 사람들은 5% 미만이었고, 이민자 문제로 시끄러운 유럽도 10% 미만에 그쳤다. 국가별로는 미국·캐나다·호주·뉴질랜드가 5% 미만으로 낮았고, 스웨덴은 1.8%로 조사 국가 중 가장 낮았다. 한편, 파키스탄은 경제 수준이 낮고 종교적 충돌이 빈번하지만 6.5%로 나타나 예외적인 나라로 꼽혔다.

반면에 한국은 35%로 '이례적으로 인종 차별이 심한 국가'로 지목됐다. WP는 "부유하고 평화로우며 교육 수준과 민족 동질성이 높은 사회는 다른 인종에 관대할 것으로 예상되지만 한국은 정반대"라며, "다른 나라의 침략을 자주 받았던 역사적 특수성 때문에 외

● 외국인 노동자들이 겪는 어려움은 우리가 상상하는 것보다 훨씬 클지도 모른다.

국인들을 잘 받아들이지 않는 것으로 보인다."라고 분석했다. 우리나라의 외국인 노동자들, 그리고 늘어나는 다문화 가정의 어려움이 느껴진다.

미운 아기 오리가 집을 떠난 이유는 정말 자신의 못난 모습 때문이었을까? 오히려 그것을 이유로 왕따를 시켜야 속이 시원했던 더 못난 형제, 더 못난 이웃 때문이 아닐까? 그렇다면 우리는 주변에 있는 미운 오리들에게 어떤 이웃일까?

안데르센 자신도 미운 오리였다

안데르센(1805～1875)은 오늘날 최고의 동화 작가이지만 그의 삶은 힘겨웠다. 안데르센은 가난한 집안에서 태어났다. 그의 아버지는 망가지거나 낡은 구두를 수선해 주는 구두 수선공이었고, 어머니는 남의 집 빨래를 해 주고 다녔다. 어려운 가정에서 태어났지만 타고난 끼를 감출 수 없었던 안데르센은 열네 살 때 오페라 가수나 배우가 되기 위해 코펜하겐으로 갔다. 하지만 생각과 달리 코펜하겐에서의 안데르센은 '미운 아기 오리'와 같은 존재였다.

독일의 시인이자 극작가인 헵벨은 "안데르센은 유별나게 추한 얼굴에 다리는 덜덜 떨며 도깨비처럼 구부정한 모습이었다."라고 기억한다. 안데르센은 연기도 뛰어나게 잘하지 못했다. 결국 안데르센은 소설을 쓰기 시작했다. 하지만 전문 작가들은 안데르센의 소설은 글도 아니라고 혹평했으며, 철학자 키에르케고르조차 안데르센을 '철학' 없는 단순한 겁쟁이라 했다. 안데르센은 작가로서도 힘든 삶을 살아야 했다.

"내가 살아온 인생사가 바로 내 작품에 대한 최상의 주석이 될 것이다." 이는 안데르센이 남긴 말이다. 실제로 안데르센은 성공한 '미운 오리 새끼'이며, 고결한 '인어 공주'이고, 불쌍한 '성냥팔이 소녀'였다. 그는 평생 혼자 살았으며 가족이 없었다. 그의 장례식에는 덴마크 국왕과 황태자를 비롯해 수백 명이 찾아왔지만, 정작 그의 가족은 아무도 없었다고 한다.

열녀 함양 박씨전 변서

조선의 여성, 현대의 여성

옛날에 어느 형제가 있었는데, 형과 아우 모두 높은 벼슬을 하고 있었다.

어느 날, 형제는 어떤 사람의 벼슬길을 막아야 한다는 의논을 하고 있었다. 어머니가 이를 듣고 아들들에게 물었다.

"그 사람에게 어떤 허물이 있기에 벼슬길을 막으려고 하는 것이냐?"

"그이 윗대에 과부가 있었는데, 행실에 대해 좋지 않은 평이 있습니다." (……)

"이 엽전에 테두리가 남아 있느냐?"

"남아 있지 않습니다."

"그러면 글자는 남아 있느냐?"

"없습니다."

어머니가 눈물을 흘리며 말하였다.

"이것은 네 어미가 죽음을 참을 수 있었던 부적이다. 십 년 동안 손으로 만져서 다 닳아 없어진 것이다. 무릇 사람의 혈기는 음양에 뿌리를 두고, 정욕은 혈기에 모이며, 그리운 생각은 고독한 데서 생겨나고, 슬픔은 그리운 생각에서 비롯된 것이다. 과부란 고독한 처지에 놓여 슬픔이 지극한 사람이다. 혈기가 때로 왕성해지면 어찌 과부라고 해서 감정이 없을 수 있겠느냐? (……)

그럴 때면 나는 이 엽전을 꺼내 굴려서 온 방을 더듬고 다니는데, 둥근 것이라 잘 달아나다가도 턱진 데를 만나면 주저앉는다. 그러면 나는 그것을 찾아 또 굴리곤 했다. 하룻밤에 보통 대여섯 번을 굴리고 나면 동편 하늘이 밝아 오더구나. 십 년 사이에 해마다 굴리는 횟수가 줄어들어 십 년이 지난 후에는 때로는 닷새 밤에 한 번 굴리기도 하고 때로는 열흘 밤에 한 번 굴렸는데 혈기가 쇠해진 뒤로는 더 이상 엽전을 굴리지 않게 되었다. 그런데도 내가 이것을 열 겹이나 싸서 이십 년 넘게 간직해 온 것은 엽전의 공로를 잊지 않기 위해서일 뿐만 아니라 때때로 나 자신을 경계하기 위함이었다."

말을 마치자 모자는 서로 붙들고 울었다고 한다. _106~110쪽

「열녀 함양 박씨전 변서」에는 두 가지 이야기가 나온다. 하나는 두 아들을 높은 벼슬에 오르도록 키워 낸 과부의 이야기고, 두 번째

는 남편 삼년상을 마치고 목숨을 끊은 함양 박씨 이야기다. 위 글은 그중 첫 번째 이야기로, 엽전을 굴리며 외로움을 달랜 과부의 이야기다.

조선의 법전인 『경국대전』에 이르기를 "남편이 죽은 후 재혼한 여인의 자식에게는 정식 벼슬을 주지 마라." 했다. 이 법은 양반에게 적용되는 것이지, 평민이나 노비와는 무관한 것이었다. 그러나 시간이 흐를수록 양반 평민 할 것 없이 수절을 하는 이가 늘어 하나의 풍속이 되었다. 소설 「열녀 함양 박씨전 변서」는 바로 이런 조선의 비인간적인 풍속을 고발하고 있다.

이 소설은 억압받는 조선의 여성이 주인공이다. 사회적으로 차별받는 여성, 제도적으로 묶여 있는 여성을 통해 당시의 가치관이 무엇이며, 또 그것이 개개인의 삶을 어떻게 좌우했는지 말해 준다.

열녀란?

옛날에는 특별한 열녀가 하던 행동을 요즘은 여느 과부들이 다 하고 있는 것이다. 더구나 시골의 어린 과부나 도회지 뒷골목의 젊은 과부나, 누가 억지로 시집을 보내려고 하는 것도 아니고, 또 자손들의 벼슬길이 막힐 걱정을 할 일도 없는데, 스스로 목숨을 끊는 일이 허다하다. 그저 혼자서 과부로 살아가는 것만으로는 깨끗한 절개라고 말할 수 없다 여기는 것이다. 그래서 남편과 함께 묻히기를 바라면서 물이나 불에 몸을 던지거나 독약을 마시거나 목을 매다는 것이다. 열녀라는 말에 매섭다는 뜻의 '열'이 들어가 있기는 하나, 이 어찌 지나친 일이 아니겠는가. _105~106쪽

텔레비전을 보다 보면 "어이구, 열녀 났네 열녀 났어."라는 비아냥 섞인 대사를 가끔 들을 때가 있다. 남편에게 지극정성인 아내나 군에 간 남자 친구를 기다리는 여자를 보며 주위 사람들이 내뱉는 말이다. 열녀의 '열'(烈)에는 '맵다'라는 뜻 말고도 '빛나다', '아름답다', '위엄스럽다'라는 뜻이 있다. 이준 열사, 유관순 열사, 이한열 열사 등 독립운동이나 민주화 운동을 하다 숨진 분을 '열사'(烈士)

고려의 여성, 조선의 여성 고려 시대에는 여성도 호주가 될 수 있었고, 호적은 나이 순으로 기록하였다. 그뿐만 아니라 여성(아내)도 재산 분배권이 있었고, 남편이 죽으면 재가는 본인의 뜻대로 했다. 부모는 아들과 딸에게 균등하게 재산을 분배했으며, 큰아들뿐 아니라 차남이나 딸까지도 돌아가며 부모를 모셨다. 고려 시대 여성의 지위를 보면 오늘날 여성 못지않다. 그러던 것이 조선 시대에 들어서 여성의 지위가 땅으로 떨어졌다. 조선 시대에는 여성들에게 조신함, 얌전함, 온순함 등의 덕목을 강요하였다. 남녀유별이라 해서, 남녀칠세부동석을 비롯해 남녀가 수건이나 빗을 함께 사용하지 못하고 한 횃대에 옷을 같이 걸지 못하는 등 여성은 남성 중심의 세계에서 배제되었다. 여성은 친정에서도 출가외인으로 배제되고, 족보에서 배제되고, 비명에서 이름이 배제되었다. 또 여성은 공식 언어인 진문(眞文)에서조차 배제되어 '언문'(암글)을 배웠다. 조선 시대에는 남자를 하늘에, 여자를 땅에 견주는 우주론적인 이론까지 등장하며 여성을 철저히 차별하였다. 소혜 왕후의 『내훈』(內訓)에서도 아내는 남편을 섬기도록 가르치고 있다. 남편은 하늘이기 때문에, 아내는 하늘을 바꿀 수 없듯 남편을 바꿀 수 없다고 가르친다. 왕과 어버이에 이어 남편은 세 번째 하늘이었다.

라고 부는 것도 그들의 뜻과 행동이 아름답고 빛나기 때문이다.

역사 속에서 열녀의 삶을 살다 간 이는 많다. 14세기 말 고려의 무관이었던 김우현의 처 신씨 부인은 남편과 함께 왜적과 싸우다 목숨을 잃었고, 그녀의 여동생 역시 열여섯 살 처녀의 몸으로 왜적과 싸우다 순절하였다. 왕이 이를 알고 정려비를 내리고, 『삼강행실록』에 기록하게 했다. 17세기 말 경북 의성의 우씨 부인(우조이)은 남편 없이 딸을 키우며 살았다. 그녀는 평민이지만 절개를 반드시 지켜야 한다고 믿었다. 그러던 어느 날 이웃 마을의 군인 이영발이란 남자가 강제로 그녀를 부인으로 삼으려 그녀의 부친까지 위협했다. 이에 우조이는 그의 청혼을 받아들이는 척하고 온 동네 사람들을 불러 잔치를 열었다. 그 자리에서 그녀는 이영발을 심히 꾸짖고, 그자의 칼을 빼어 자결을 시도했다. 우조이는 상처를 입었지만 죽지 않았고, 이후 자신의 딸과 함께 살았다. 당시에는 이런 여성의 행동이 최고의 도덕성으로 인정되었다.

열녀가 만들어지기 시작했다

조선의 여성

통인 박상효의 조카딸이 함양으로 시집갔다가 일찍 과부가 되었는데, 남편의 삼년상을 마치고 나서 독약을 마셨다 합니다. (……)

나이 열아홉에 함양의 박씨 딸이 임술중에게 시집을 갔는데, 술

중의 집안 또한 대대로 함양의 아전(조선 시대에 중앙과 지방의 관아에 속해 일을 보던 사람)입니다. 임술중은 본래 몸이 허약하여, 혼례를 치르고 반년도 안 되어 죽었습니다. _111~112쪽

사실 그녀는 결혼 전에 임술중이 병이 깊음을 알았고, 주변에서도 다 말렸다. 하지만 "제가 바느질해서 준비한 옷은 누구의 몸에 맞춘 것입니까? 저는 처음 지은 이 옷을 그대로 지키고 싶습니다." 이렇게 말하고 시집을 갔다.

거창의 신돈항은 박씨를 위해 글을 지었다. 박씨의 마음은 아마도 이러했을 것이다.

'새파란 나이에 과부가 되어서 오래 혼자 지내다 보면, 두고두고 친척들에게 동정이나 받게 될 것이고, 또 이웃 사람들의 못된 소문에 시달리기 쉬울 것이다. 차라리 이 몸이 빨리 없어지느니만 못하다.' _116~117쪽

위 글을 보면, 함양 박씨의 삶이 기구하고 슬프다. 신돈항의 글처럼 주변 사람들에게 시달리거나 짐이 될까 두려워 자살을 했을 것 같기도 하다. 정말 소설에나 나올 법한 이야기인데, 조선에는 이런 열녀들이 아주 많았다.

『삼강행실도』의 속편인 『동국신속삼강행실도』에는 441명의 열녀 사례가 실려 있다. 어떤 열녀는 임진왜란 당시 왜군 손이 닿았다

는 이유만으로 자신의 손과 발을 잘라 버렸다. 병자호란 때 납치됐다가 돌아온 '환향녀' 중에도 자살자가 많았다. 그때는 정절을 지키려고 스스로 목숨을 끊는 일이 흔했다. 또한 사회적으로 이런 여성의 행동을 아름다운 덕으로 여기며 칭찬하기 시작했다. 그러다 보니 남편이 죽으면 부인은 자신의 몸을 자해하거나 남편을 따라 죽는 것이 마땅한 일인 것처럼 사회 분위기가 만들어졌다.

임진왜란과 병자호란을 거치면서 여성의 수절은 양반뿐 아니라 평민에게까지 퍼졌다. 나중에는 나라에서 당황할 정도로 자살하는 여성들이 늘었다고 한다. 죽음을 택한 여성 중에는 스스로 목숨을 끊은 이도 있었지만 목숨을 끊는 것이 그렇게 쉬운 일인가? 실제로는 죽음을 당하는 여성도 있었다.

18세기, 조선은 효자와 열녀 바람에 휩싸였다고 한다. 집안에 효자나 열녀가 있으면 일명 명문가로 인정되었다. 그러다 보니 당시 양반 중에는 효자비와 열녀문을 받기 위해 별별 수작을 꾸며 '가짜 효자', '슬픈 열녀'를 만들었다.

가짜 효자를 만드는 방법은, 주로 부모의 똥을 맛보는 상분(嘗糞)으로 부모의 건강을 살폈다는 가짜 증언이 있으면 가능했다. 상분은 본래 의원이 환자 상태를 판단하기 위한 것인데, 이런 행위가 효행으로 왜곡되었다. 효자 중에는 병든 부모에게 손가락을 잘라 피를 먹이거나 허벅지 살을 베어 봉양한 사례도 있다. 하지만 가짜 효자가 그런 일을 할 리는 만무하고, 주로 '상분'을 했다는 거짓 기록을 정부에 올려 효자비를 받았다. '효자 만들기'는 거짓 증언이 들

● 열녀비

통 나서 처벌을 하는 등 사회적 병폐가 되었다.

하지만 이는 '열녀 만들기'에 비하면 아무것도 아니었다. 남편을 잃은 과부에게 "남편이 죽었는데 왜 같이 죽지 않느냐."라며 시집 식구들과 문중까지 나서서 괴롭히는 일이 많았다. 심지어는 가문의 영광을 위해 며느리를 죽인 뒤 자살로 꾸미는 사건도 있었다. 열녀 함양 박씨 역시 젊은 나이임에도 남편의 삼년상을 치른 뒤 가족과 이웃이 두려워 자살한 것이다. 얼굴 한 번 못 보고 결혼한 사이고, 6개월도 채 못 살았는데 정이 들면 얼마나 들었겠는가? 대학자 정약용은 열녀 바람을 다음과 같이 비판했다. "자살은 천하에 흉한 것이다. 남겨진 가족과 친구 등을 돌아보지 않는 행위로 잔인하고, 모질고, 크게 불효하는 것이다."

오늘날 한국의 여성은?

한국의 여성

20세기 이후 한국 여성의 지위는 꾸준히 나아졌다. 1948년에 우리나라 여성들은 참정권을 가지게 되었다. 시민 혁명이 일어난 프랑스에서조차 1944년에 여성 참정권이 보장된 것에 비하면 행운과 같은 일이었다. 신학문을 배우고, 사회 활동에도 참여할 수 있게 돼 공장 노동자·버스 안내양·전화 교환수 등으로 일하는 직업여성이 생겨났다. 하지만 여성들에 대한 교육 내용은 여전히 '현모양처(賢母良妻) 만들기'였다.

2013년 우리나라 인구 중 여성의 수도 2508만 7000명으로 전체 인구의 절반이 되었다. 1970년 인구 조사를 실시한 이후 처음으로 절반이 된 것이다. 이것은 남아 선호 사상이 쇠퇴하고 있다는 증거다. 2009년 여성의 대학 진학률이 남성을 앞지르더니, 육사·해사·공사·경찰 대학 등에서도 여성이 늘고 있다. 2012년에는 사법 고시 합격생 중 여성이 41.7%를 차지해 2000년(18%)에 비해 크게 늘었다. 국가와 지방 자치 단체, 헌법 기관의 여성 공무원 수도 2012년에 약 42만 4000명으로 43%에 이르렀다. 초등학교 교사 4명 중 3명이 여성이고, 여성 교장과 교감의 비율도 계속 늘고 있다. 여성의 비율은 다른 분야에서도 꾸준히 늘고 있다. 판검사 등 법조인 가운데 16.7%(2011), 국회 의원 당선자 중 15.7%(2012), 지방 의회 의원 중 20.3%(2012)가 여성이다. 이 밖에 골프, 역도, 피겨 스케이팅, 리듬 체조 등 스포츠계에서도 여성들의 활약이 대단하다.

대한민국은 이제 대선 때면 여러 명의 여성 대통령 후보가 텔레비전 토론을 벌이는 나라다. 이 정도면 남녀평등이 이루어진 나라로 볼 수 있지 않을까 하는 생각도 든다. 하지만 흑인 오바마가 대통령인 미국에서도 흑인 차별이 남아 있는 것처럼, 한국 역시 아직까지 남녀평등을 위해 풀어야 할 숙제가 남은 듯하다.

한 예로, 2013년 국회에서 여성의 정치 참여 확대를 위한 공직자 선거법이 발의됐다. 그 내용은 ① 한 개 지역구의 지방 의원 정수는 남성과 여성을 합해 2~4인으로 한다, ② 국회 의원, 시·도 의원 선거에서 전국 지역구 총수의 30% 이상을 여성으로 추천한다, ③ 비례 대표 후보자 중 총수의 50% 이상을 여성으로 추천한다 등이다. 여성의 참여율이 낮아 주민 대표성이 왜곡되고 있다는 것이 발의 의원들의 주장이다.

사실 아직도 대기업과 공공 기관의 '고위 관리직'에 진출해 있는 여성들은 극히 소수이다. 자치 단체 공무원 중 5급 이상은 9.2%(2011)로 여전히 여성 비율이 낮다. 여성들의 승진을 막는 보이지 않는 '유리 천장'이 있는 것이다. 그리고 여성들은 평균 임금이 남성보다 적고, 육아 때문에 직장을 그만두는 '마미 트랩'(엄마의 덫)에 잡혀 있다. 진정한 남녀평등이 필요한 이유는 너무도 간단하다. 남성 없는 여성 사회 없고, 여성 없는 남성 사회 없기 때문이다.

난장이가 쏘아 올린 작은 공

행복동 주민들은 왜 행복하지 못할까?

서울 낙원구 행복동에는 증조부가 노비였던 난장이네 가족 5명이 살고 있었다. 키 117cm, 몸무게 32kg의 난장이인 아버지는 병으로 더 이상 일을 할 수 없고, 어머니는 인쇄소 제본 공장에서, 큰아들 영수는 인쇄소에서 일했다. 그리고 차남 영호와 막내딸 영희는 돈이 없어 학업을 포기했다.

어느 날 행복동 일대에 무허가 집들을 철거하라는 철거 통지서가 날아들었다. 난장이네 집은 아버지와 어머니가 돌을 이어 나르고 시멘트를 발라 만든 그들의 전 재산이었다. 뾰족한 대책도 없었던 행복동 주민들은 그럴 수 없다며 버텼지만 며칠 후 쇠망치를 든 철거 반원들이 들이닥친다. 결국, 그들은 그 어디서도 집을 마련하기 힘든 약간의 돈과 '아파트 딱지'로 불리는 입주권을 받고 집을 내줘야 했다. 행복동 주민 대부분은 새 아파트로 이사 갈 형편이 못 되기 때문에 아파트 딱지를 투기업자들에게 팔았다.

지섭은 밝고 깨끗한 주택가 삼층집에 살았다. 지섭은 그 집 가정교사였다. 아버지와 그는 통하는 데가 있었다. 지섭이 하는 말을 나는 들었었다. 그는 이 땅에서 기대할 것이 이제 없다고 말했다.

"왜?" 아버지가 물었다. 지섭은 말했다.

"사람들은 사랑이 없는 욕망만 갖고 있습니다. 그래서 단 한 사람도 남을 위해 눈물 흘릴 줄 모릅니다. 이런 사람들만 사는 땅은 죽은 땅입니다."

"하긴!"

"아저씨 평생 동안 아무 일도 안 하셨습니까?"

"일을 안 하다니? 일을 했지. 열심히 했어. 우리 식구 모두가 열심히 일했네."

"그럼, 무슨 나쁜 짓을 하신 적은 없으십니까? 법을 어긴 적은 없으세요?"

"없어."

"그렇다면 기도를 드리지 않으셨습니다. 간절한 마음으로 기도를 드리지 않으셨어요?"

"기도도 올렸지."

"그런데 이게 뭡니까? 뭐가 잘못된 게 분명하죠? 불공평하지 않으세요? 이제 이 죽은 땅을 떠나야 됩니다."

"떠나다니? 어디로?"

"달나라로" _87~88쪽

불공평한 세상이지만 난장이네 가족 모두는 열심히 일하며 살았다. 영호도 형을 따라 인쇄 공장에 나갔다. 하지만 고된 노동으로 하루하루를 힘겹게 보냈다. 영희는 가출하여 투기꾼을 따라갔다가 순결을 빼앗기고, 그의 금고에서 자신의 집 입주권을 되찾아 집으로 돌아왔다. 그리고 아버지의 이름과 주민 등록 번호를 적어 아파트 입주 신청서를 제출했다. 하지만 이미 아버지가 벽돌 공장 굴뚝에서 떨어져 죽은 뒤였다. 지섭의 말대로 난장이는 굴뚝에서 몸을 던져 달나라로 갔을까?

이 소설은 도시 빈민의 삶을 그린 것으로, 자본주의의 모순된 구조 속에서 힘겹게 사는 노동자의 현실을 보여 준다. 난장이와 그 가족은 가난한 소외 계층과 공장 노동자의 삶, 그리고 1970년대의 노동 환경을 대변한다. 2010년대를 살고 있는 우리에게 40~50년 전 도시 공간과 그곳에서 살던 노동자에 관한 이야기는 낯설 수밖에 없다. 더욱이 청소년이라면 마치 고대 문명 이야기처럼 아득하고 먼 얘기로 들릴 수도 있다.

하지만 그때의 이야기를 살펴볼 필요가 있다. 왜냐하면 아직도 당시의 이야기가 끝나지 않았기 때문이다. 이 소설은 지난 40~50년 동안 도시라는 공간이 지리적으로 어떻게 변화했는지를 살펴볼 수 있는 기회를 준다. 그때를 안다면 '도시의 과밀화', '도심 재개발에 따른 갈등', '노동자들의 파업' 등 오늘날 도시에서 펼쳐지는 복잡하고 어려운 이야기의 뿌리를 알 수 있을 것이다.

서울 낙원구 행복동은 어디일까?

슬럼

낙 원 구

주택 : 444,1…… 197X. 9. 10

수신 : 서울특별시 낙원구 행복동 46번지의 1839 김불이 귀하

제목 : 재개발 사업 구역 및 고지대 건물 철거 지시

귀하 소유 아래 표시된 건물은 …〈생략〉… 197X. 9. 30까지 자진 철거할 것을 명합니다.

낙 원 구 청 장

위 글은 낙원구청장이 난장이 가족에게 보낸 철거 통지서(계고장)이다. 낙원(paradise)이란 '숲이 우거진 공원'을 뜻하는 그리스어 파라데이소스(paradeisos)에서 유래한 말로, 지상의 아름다운 장소나 천국을 뜻한다. 그리고 행복이란 '편안한 마음으로 만족과 즐거움을 느끼는 상태'다. 그러나 소설 속 낙원구 행복동은 사전에 쓰인

뜻하고는 전혀 다른 불만족과 불편함이 가득하고 불공평한 곳이다. 실제 서울의 행정 구역에는 낙원구도 행복동도 없다. 소설에 존재하는 마을일 뿐이다. 하지만 1960년대와 1970년대에 서울에는 행복동을 닮은 마을들이 많았다. 창신동, 용두동, 마두동, 숭인동, 왕십리, 봉천동 등에는 무허가 불량 주택이 즐비했다. 사람들은 그곳을 산동네나 달동네, 또는 판자촌이라 불렀다. 판자촌은 상하수도는 물론 오물 처리 시설도 없어서 악취가 나는 곳이었다. 난방 시설이 거의 없어 바닥에 가마니를 깔고, 여러 가구가 같이 화장실과 우물을 썼다. 따닥따닥 붙어 살다 보니 싸울 일도 많지만 미운 정 고운 정이 쌓이는 곳이었다.

서울의 불량 주택가 주민들은 어디서 왔을까? 도시 빈민은 해방 이후부터 늘기 시작했다. 1945년 해방 후 일본, 중국, 북한에 있다가 남한으로 온 동포는 약 250만 명이었다. 이들은 고향으로 가거나 서울, 부산 등지로 모였다. 도시 빈민의 절반 이상은 하천변이나 산비탈에 무허가로 천막집, 토담집, 판잣집을 지었다. 이어서 한국전쟁이 터져 남한에는 약 186만 명의 피난민이 모였다. 이들 중에는 도시 이곳저곳에 무허가 판자촌을 만드는 이들이 많았다.

1960년대 본격적인 경제 개발이 시작되면서 매년 수십만 명이 농촌을 떠나 서울과 부산 등 대도시로 이동했다. 서울에 거대한 판자촌이 형성되기 시작한 것도 이 무렵이었다. 당시 집단 이주민의 정착지는 서울 북부의 미아·상계·도봉·쌍문·수유 지역과 서부의 홍은·남가좌·북가좌·수색·연희 지역, 강남의 사당·봉천·신림·

시흥·구로 지역, 남동부의 가락·거여·마천 지역 등이었다. 1973년 주택 개량 재개발 사업이 법제화된 후 무허가 주택을 비롯한 불량 주택들의 발생이 크게 줄었다. 오늘날 서울에서 판자촌을 보기란 쉽지 않다. 1960년대와 1970년대를 경험한 많은 사람들에게 '낙원구 행복동' 같은 당시의 판자촌은 기억의 저편에 희미한 이미지로만 남아 있다.

그런데도 사람들은 그 희미한 이미지마저 벗어 버리고 싶은 모양이다. 2008년, 봉천동 주민들은 봉천 1동에서 11동까지를 은천동, 행운동, 보라매동, 중앙동 등으로 바꾸었다. 봉천동(奉天洞)은 '하늘을 떠받드는 마을'이라는 뜻으로 산세가 험한 관악산 아래 자리 잡은 까닭에 붙여진 이름이었다. 그러나 그 지명은 집값을 떨어뜨리는 가난한 이미지의 이름으로 취급될 뿐이다.

두껍아, 두껍아! 헌 집 줄게 새 집 다오

이 소설이 나오기 5년 전인 1971년, 경기도 광주에서도 키 큰 '난장이'들이 정부와 가진 자들을 향해 시위를 벌였다. 1969~1971년, 서울시는 무허가 불량 주택가에 살던 빈민들을 도시 외곽의 광주 대단지로 내보내는 정책을 단행하였다. 정부는 경기도 광주군 중부면에 약 10만 5000가구, 인구로는 50만~60만 명이 살 수 있는 도시를 구상하고, "자급자족 도시를 만들 테니 그리로 이주하시오."라며 홍보했다. 그곳이 바로 '광주 대단지'다. 정부의 달콤한 말에 서울 판자촌 주민들이 청소차와 군용차까지 타고서 광주로 이주하였다. 이들은 집과 일자리를 갖는다는 희망에 부풀어 광주 대단지로 몰려들었다. 갑자기 어렸을 적 놀이가 생각난다. 운동장 한쪽 구석에 있는 모래밭에서 손등 위로 모래를 쌓아 다지며 '두껍아, 두껍아! 헌집 줄게 새집 다오.'라는 노래를 부르며 놀았다. 모래를 다 다진 후에 손을 아주 조심스럽게 빼면 예쁜 모래집을 얻을 수 있었다. 아마 당시 서민들의 마음도 이러지 않았을까? 판자집이 있던 땅을 정부에 내주고 새 집을 받고 싶은 마음.

1971년, 광주 대단지에는 총 15만~20만 명이 모였다. 하지만 정부는 두꺼비와 달리 새 집을 주지 않았고, 서민들의 생활은 지옥 같았다. 깨끗한 물과 전기는 고사하고 집을 지을 수 있는 택지도 안 갖춰져 있었다. 언덕에 다닥다닥 천막을 짓고 살게 되니 오물로 악취가 진동했다. 범죄도 넘쳐나서 1971년에만 폭력, 절도, 사기 등 형사 사건이 무려 4867건 발생하였다.

48개 공장을 유치해 일자리를 만들겠다는 서울시의 약속도 지켜지지 않았다. 주민들은 날품팔이라도 하려면 서울로 오갈 수밖에 없었다. 학교도 없어서 아이들이 서울로 등·하교를 하다 보니 결국 학교를 그만두는 아이들이 하나둘씩 늘어갔다. 당시 이곳을 취재한 기자들의 기사를 보면, '주민들의 월수입은 5000원 미만이 37%, 5000원에서 1만 원 사이가 43%, 1만 원 이상이 20% 등으로 형편없었다. 1975년 당시 돈 가치를 보면, 자장면 값이 대개 한 그릇에 140

원, 서울 시내버스 요금 34원, 소줏값 120원, 담뱃값은 200원이었다. 또 주민의 약 70%가 중졸 이하였다. 서울에서는 지게를 져서라도 살았지만 광주 대단지에서는 지게질거리도 없었다. 일곱 식구가 국수 한 봉지를 나누어 먹어야 했고, '15세 딸이 술집 접대부가 되면 잘 먹을 수 있다는 소문에 집을 나가겠다고 졸랐다.'는 가슴 아픈 사연이 많았다. 비참함에 눈물짓던 일부 주민들은 입주권(딱지)을 팔고 다시 서울 무허가 지역으로 들어갔다.

1971년 8월 10일, 마침내 분노한 광주 대단지 주민들이 일어섰다. 첫날 3만여 명, 이튿날 5만여 명, 그리고 그다음 날엔 무려 10만 명이 시위에 가담했다. 성남 출장소는 불에 탔고, 공무원과 경찰은

● 저 멀리 고급 아파트가 보이는 이쪽 판자촌에 오늘날의 '난장이'들이 살고 있다.

도망쳤다고 한다. 주민들은 정부에 무상 분양 및 분양가 인하, 세금 감면, 공장과 상가 등의 건설, 작업장 알선, 주민 구호 사업 추진 등을 요구했다. 그동안 빈번히 무시당했던 주민들의 목소리가 이날 한데 모아졌다. 8월 12일, 서울시장이 이주 단지의 성남시 승격과 더불어 주민의 요구를 무조건 수용할 것을 약속함으로써 시위는 3일 만에 진정되었다.

1970년대 광주 대단지 '난장이'들의 시위는 끝났지만, 2000년대 '난장이'들의 시위는 지금에도 계속되고 있다. 2009년 1월, 서울 용산 4구역 재개발에 따른 철거를 반대한 철거민(세입자)과 전국 철거민 연합회 회원 등 30여 명이 상가 권리금에 대한 적정한 보상을 요구하며 경찰과 대치하였다. 그러나 경찰의 무리한 진압과 이에 목숨을 걸고 대항한 철거민들의 충돌로 6명이 사망하고 24명이 부상당하는 참사가 발생했다.

그런데 경찰은 그 추운 겨울날 무엇 때문에 그렇게 철거를 서둘러야 했을까? 2014년 현재 그 땅은 야외 주차장으로 쓰이고 있을 뿐이다.

오늘날에는 자살하는 난쟁이가 없을까?

소설 속에서 영희의 친구이자 영수와 미래를 약속한 명희는 다방 종업원, 골프장 캐디, 버스 안내양 등을 전전하다가 통장에 19만 원을 남기고 자살했다. 영수와 영호는 아버지가 일할 수 없게 되자 인쇄 공장에 나간다. 하지만 힘든 노동 시간을 조정해 보려다 오히려 공장에서 쫓겨난다. 그 시대 도시 판자촌 빈민들은 대부분 어렵고 힘들고 위험한 일을 하는 노동자였다. 불 꺼지지 않고 돌아가는 공장에서, 헛웃음을 파는 술집이나 다방에서, 위험한 공사판에서 힘들게 일하는 노동자들이었지만 일한 만큼 대가는 받지 못했다. 소설의 주인공 난장이 역시 살면서 5가지나 되는 고된 일들을 하며 늙었다. 채권 매매, 칼갈이, 고층 건물 유리 닦기, 펌프 설치하기, 수도 고치기, 그 가운데 어느 하나 편안하고 폼 나는 일은 없었다.

1970년 11월 13일, 서울 청계천의 평화시장 앞에서 석유를 온몸에 끼얹고 근로 기준법 책을 손에 쥔 채로 불을 당긴 한 청년이 있었다. 그 이름은 전태일이었다. "근로 기준법을 준수하라. 우리는 기계가 아니다."라고 외치며.

"노동자들을 혹사하지 말라.", "내 죽음을 헛되이 말라." 전태일의 마지막 말이었다. 병원으로 옮겨진 전태일은 "배가 고프다……."라는 말을 힘겹게 뱉은 뒤 숨을 거뒀다. 전태일 사건을 계기로 그 후 우리나라에서는 노동 운동이 줄기차게 일어났다.

지금의 청계천은 인공 하천으로 다시 태어났고, 그 주변의 모습도 과거와는 크게 달라졌다. 그러나 40년 전에 그 청계도로 주변의 평화시장 노동자들은 닭장 같은 곳에서 밤낮없이 일했다. 당시는 국가적으로도 옷이나 가발, 신발 등을 만드는 공업을 주요 수출 산업으로 키울 때였다. 나라는 이들을 산업 역군으로 치켜세웠지만 이들에게까지 부는 돌아가지 않았다. 평화시장의 재단사, 미싱사, 재단 보조 들은 아침 8시 공장에서 일을 시작하여 밤 12시 막차가 끊길 때까지 쉬지 못하는 경우가 허다했다. 그들은 밤 12시 넘어서야 저녁밥을 먹는 삶을 살아야 했다. 월급을 제대로 못 받는 노동자도 많았고, 폭언과 폭행까지 당하는 일도 있었다. 그렇게 힘없는 노동자들에게 근로 기준법을 보여 주며 '하루 8시간만 일하고 휴일에도 쉬어야 한다.'고 전태일이 일깨운 것이다.

서울 청계천 평화시장 앞에 있는 전태일 동상

사실 근로 기준법은 1953년에 제정됐지만, 아는 사람도 별로 없는 죽은 법이나 다름없었다. 한 달 평균 336시간을 일하고 이틀을 쉬는 평화시장의 노동자들에게 근로 기준법은 빛과 같은 '희망'이었다. 그 시대 노동자들의 설움과 죽음을 바탕으로 오늘날 많은 노동자들이 8시간 노동의 권리를 누리고 있다.

그렇다면 오늘날 노동자의 노동 환경은 어떤가? 노동 문제는 여전히 이어져 지금도 우리나라 곳곳에서 노동자들은 '정리 해고 철폐, 비정규직 철폐'를 촉구하는 구호를 외치고 있다. 2012년 현재, 정부는 비정규직 근로자가 590만 명이라고 하고, 노동계에서는 850만 명이라고 말한다. 이것이 얼마나 많은 수인가 하면, 노르웨이 인구가 470만 명이고 덴마크 인구가 540만 명이다. 이처럼 세계에는 인구가 590만 명이 되지 않는 나라가 많다. 그런데 우리나라는 이렇게 많은 사람들이 비정규직으로 살고 있다. 오늘도 비정규직 노동자들은 언제 일자리를 잃을지 모르는 불안감 속에서, 가족 부양은커녕 혼자 살기도 빠듯한 임금으로, 게다가 차별과 무시를 당하며 인권마저 보장받지 못할 채 살아가고 있다.

물건이나 건물을 짓는 것 외에도 사람을 치료하고 교육하는 등 인간의 활동 대부분이 노동이다. 이처럼 세상을 만들어 가는 것이 노동인데 정작 많은 노동자들은 불안한 일자리 문제 말고도 직업 천대, 일자리의 남녀 차별, 긴 노동 시간, 작업장에서의 산업 재해 등 여러 가지 어려움을 겪고 있다.

직업의 귀천 의식 사람이 살아가고 사회가 유지되려면 수많은 종류의 노동이 필요하다. 그런데 이것을 귀하고 천한 일로 구분한다. 주로 육체노동을 천하게 여기는데, 이것은 과거 양반과 평민의 일을 구분하던 사고방식이 아직도 남아 있기 때문이다. 이런 사고방식을 바꾸려면 무엇보다 직업 간의 소득 격차를 줄여야 한다.

산업 재해 2009년 산업 재해 피해자 9만 7821명, 산재 사망자 2181명, 경제 손실액 17조 3157억 원, 산재 사망자 수 경제 협력 개발 기구(OECD) 1위.

인용 문학 작품

- 『양치기 소년과 늑대』, 이솝, 랭기지플러스, 2008
- 「메밀꽃 필 무렵」, 이효석, 『한국 현대 단편 소설 33』, 김동인 외 32인, 도서출판 맑은창, 2008
- 「매잡이」, 이청준, 『고교생이 알아야 할 소설』, 신원문화사, 1993
- 『80일간의 세계 일주』, 쥘 베른, 정혜용 옮김, 웅진싱크빅, 2007
- 『플랜더스의 개』, 위다, 하청수 옮김, 국민서관, 2000
- 『아기 돼지 삼 형제』, 중앙교육연구원, 1999
- 「시골 쥐와 도시 쥐」, 이솝, 『이솝 이야기』, 한국프뢰벨주식회사, 1997
- 「사하촌」, 김정한, 『한국 단편 소설』, 김정한 외 9인, 버들미디어, 2006
- 『하멜른의 피리 부는 사나이』, 로버트 브라우닝 원작, 조세프 프란체스크 델가도 글, 고영완 옮김, 한국헤밍웨이, 2006
- 『허생전』, 박지원, 삼성출판사, 2012
- 「소나기」, 황순원, 『꼭 읽어야 할 한국 단편』, 타임기획, 2002
- 「북쪽 바람과 해님」, 이솝, 『이솝 이야기』, 한국프뢰벨주식회사, 1997
- 『연오랑과 세오녀』, 도서출판 마당, 1992
- 『정글 북』, 키플링, 서장원 옮김, 한국헤밍웨이, 2006
- 『해저 2만 리』, 쥘 베른, 정제광 옮김, 삼성출판사, 2012
- 『15소년 표류기』, 쥘 베른, 조한기 옮김, 삼성출판사, 2012
- 『성냥팔이 소녀』, 안데르센, 학원출판공사, 1999
- 『미운 아기오리』, 안데르센 원작, 마누엘라 로드리게스 글, 김정하 옮김, 한국헤밍웨이, 2006
- 「열녀 함양 박씨전 변서」, 박지원, 『양반전』 삼성출판사, 2012
- 『난장이가 쏘아올린 작은 공』, 조세희, 문학과지성사, 1998

문학 속의 지리 이야기

20가지 문학작품으로 지리 읽기

2014년 5월 22일 1판 1쇄
2022년 6월 20일 1판 9쇄

지은이 조지욱
그린이 조에스더

편집 정은숙, 서상일 **디자인** 백창훈, 권지연
마케팅 이병규, 양현범, 이장열 **제작** 박홍기 **홍보** 조민희, 강효원
출력 블루엔 **인쇄** 천일문화사 **제본** J&D바인텍

펴낸이 강맑실 **펴낸곳** (주)사계절출판사 **등록** 제406-2003-034호
주소 (우)10881 경기도 파주시 회동길 252
전화 031)955-8558, 8588 **전송** 마케팅부 031)955-8595 편집부 031)955-8596
홈페이지 www.sakyejul.net **전자우편** skj@sakyejul.com
블로그 blog.naver.com/skjmail **트위터** twitter.com/sakyejul **페이스북** facebook.com/sakyejul

ISBN 978-89-5828-728-5 43980